Gehaltsverhandlungen führen

Dr. Rasmus Tenbergen

1. Auflage

HAUFE.

Inhalt

Optimal verhandeln – nicht nur für Profis   5
- Notwendiges Übel oder Chance?   6
- Ist Verhandlungstalent angeboren oder erlernbar?   7
- Die Basis des guten Verhandelns: das Harvard-Konzept   10

Die Erfolgsfaktoren   15
- Durchsetzungsstärke: Wie Sie sich möglichst viel sichern   16
- Win-win-Kreativität: so viel wie möglich für alle   23
- Intelligent kooperieren   38
- Der Sympathie-Faktor   46
- Überzeugungskraft   50
- Guter Spieler – guter Verhandler?   56

Richtig vorbereitet in die Verhandlung   61
- Ihr Ziel: Was wollen Sie?   62
- Was will Ihr Chef?   66
- Verhandlungstypen: Wie tickt die Gegenseite und wie ticken Sie?   67
- Üben, üben, üben   77
- Eine gute innere Haltung   78
- Der richtige Zeitpunkt   79

In der Gehaltsverhandlung — 81

- Die Eröffnung — 82
- Wie finden Sie heraus, welche Position die Gegenseite hat? — 83
- Sie oder Ihr Chef: Wer soll das Startangebot machen? — 85
- Eher hoch oder niedrig? Wie Sie in die Verhandlung einsteigen sollten — 87
- Wer fragt, der führt — 89
- Tückische Fragen – geschickte Antworten — 90
- Einwände geschickt parieren — 92
- Gute und schlechte Argumente — 96
- Unfaire Tricks — 98
- Wenn die Verhandlung zu eskalieren droht — 108
- Der Abschluss — 115
- Die Gehaltsverhandlung im Überblick — 117
- Die Nachbereitung — 118

- Glossar — 121
- Literatur — 125
- Stichwortverzeichnis — 126

Vorwort

Gehören Sie auch zu den Menschen, bei denen das Wort »Verhandlung« eher negative als positive Gefühle auslöst? Vor allem Gehaltsverhandlungen sind für viele eine heikle Angelegenheit. Kein Wunder – schon von klein auf wurde uns beigebracht, dass man über Geld nicht spricht. Schade eigentlich, denn bei kaum einem anderen Thema ist es so relativ einfach, durch eine gute Vorbereitung und Technik entscheidende Verbesserungen für die eigenen Lebensumstände zu erreichen.

Lernen Sie von Verhandlungsprofis! Dieser TaschenGuide hilft Ihnen dabei, mit einer positiven Perspektive in eine Gehaltsverhandlung zu gehen. Er enthält viele Methoden, mit denen Sie präzise und kritisch Verhandlungserfolge erzielen und messen können, ohne dabei die Beziehung zu Ihren Vorgesetzten aufs Spiel zu setzen. Zahlreiche Praxisbeispiele veranschaulichen, wie Sie die Techniken von Profis in Ihre Verhandlung einfließen lassen können.

Ich wünsche Ihnen viel Freude beim Lesen dieses Buches und gute Erfolge bei Ihrer Gehaltsverhandlung,

Ihr Dr. Rasmus Tenbergen

Allein aus Gründen der besseren Lesbarkeit habe ich überwiegend männliche Sprachformen verwendet.

Optimal verhandeln – nicht nur für Profis

Sie wollen mehr Gehalt, und das möglichst bald? Ihre Chancen darauf stehen günstig, wenn Sie sich die Tipps und Erfahrungen der Verhandlungsexperten zunutze machen.

In diesem Kapitel erfahren Sie u. a., warum

- wir nicht gerne über Geld reden,
- gutes Verhandeln erlernbar ist,
- das Harvard-Konzept in der Welt der Verhandlungsprofis so eine große Rolle spielt.

Notwendiges Übel oder Chance?

Gehaltsverhandlungen sind für viele Menschen eine komplizierte Angelegenheit. Sowohl auf der Arbeitnehmer- als auch auf der Arbeitgeberseite werden sie zudem oft als unangenehm empfunden. Die Folge: Man sieht sie als notwendiges Übel und verfährt nach dem »Augen-zu-und-durch-Prinzip«. Das ist bedauerlich, denn bei kaum einem anderen Thema ist es so relativ einfach, durch eine gute Vorbereitung und Technik wichtige Verbesserungen für die eigenen Lebensumstände zu erreichen.

Wie so oft, ist auch hier unsere Einstellung ein wichtiger Faktor für den Erfolg. Werden Gehaltsverhandlungen weniger als ein Problem, das Magenschmerzen verursacht, behandelt, sondern vielmehr als Chance, sich zu verbessern, ist das ein wichtiger Schritt in die richtige Richtung. Allein die Tatsache, dass unser Chef oder unsere Chefin bereit ist, mit uns über das Gehalt zu verhandeln, ist schon ein erster Erfolg und zeigt, dass immerhin die Möglichkeit für Verbesserungen besteht.

Es gibt noch einen weiteren Aspekt, der dazu geführt hat, dass Verhandlungen einen relativ schlechten Ruf haben: Häufig wird darin die Bedeutung des Gegeneinanders überschätzt, während das Potenzial des Miteinanders unterschätzt wird. Die Verhandlungsparteien stehen sich in zwei Fronten gegenüber. Jeder ist auf seinen Vorteil bedacht und übersieht dabei schnell, dass sich die jeweiligen Interessen nicht unbedingt gegenseitig ausschließen müssen und dass man auch durchaus kooperativ zu einer Lösung kommen kann, die beiden Seiten gerecht wird.

Zudem fürchten sich viele vor dem Nein, das vielleicht am Ende einer Gehaltsverhandlung steht, wenn man den Chef nicht vom eigenen Mehrwert überzeugen konnte. Doch das muss nicht sein. Mit der richtigen Verhandlungstaktik und ein wenig Übung steigt die Wahrscheinlichkeit erheblich, das eigene Gehalt zu verbessern. Zusätzlich ist jede Verhandlung eine Chance zu lernen, um dann beim nächsten Mal vielleicht mehr Erfolg zu haben. Auch Verhandlungsprofis haben mal klein angefangen.

Ein Nein ist übrigens im Zusammenhang mit Verhandlungen auch überhaupt nichts Negatives. Am Anfang jedes Verhandlungsdeals steht ein Nein. Sagte unser Gegenüber sofort Ja, müsste man schließlich nicht verhandeln. Es geht also eher darum, aus einem Nein ein Ja oder zumindest ein Jein zu machen.

> Dieser TaschenGuide ist aus der Arbeitnehmerperspektive geschrieben, aber natürlich gelten fast alle Hinweise in ähnlicher Form auch für die Arbeitgeberseite, die davon gleichermaßen profitieren kann.

Ist Verhandlungstalent angeboren oder erlernbar?

Ein weiterer Grund, warum viele Menschen nicht gerne Verhandlungen führen, ist, dass sie glauben, es nicht zu können. Dies führt uns zu der Frage, ob Verhandlungstalent angeboren oder erlernbar ist – oder ob vielleicht beides zutrifft. Diese Fragestellung ist sehr alt. Bereits im antiken Griechenland wurde um Ähnliches gestritten. Während Platon Tugenden für angeboren hielt, schien es Aristoteles möglich, sie zu erlernen.

Sicherlich haben beide teilweise recht. Ich neige dabei mit einer gewissen Tendenz zur aristotelischen Auffassung: Auch wenn man nur schwer bestreiten kann, dass manche Menschen natürliche Verhandlungstalente sind und andere sich von ihrem Naturell her eher damit schwertun, lässt sich eben doch zeigen, dass das Üben der Verhandlungstechnik zu messbaren Fortschritten führt. Gutes Verhandeln ist also erlernbar.

Der Verhandlungsquotient

Ähnlich wie den Intelligenzquotienten, kurz: IQ, haben wir auch einen Verhandlungsquotienten, im Englischen auch Negotiation Quotient (NQ®) genannt. Im Gegensatz zum IQ, der mehr oder weniger statisch ist, können wir den NQ durch Training und Übung dramatisch verbessern. Diese von mir in Auseinandersetzung mit dem sog. Harvard-Konzept und anderen Theorien entwickelte »Messbare Verhandlungsmethode« geht davon aus, dass wir Verhandlungserfolg und die Verbesserung unserer Verhandlungskompetenz in Zahlen messen können. Und zwar nicht nur dann, wenn es um leicht messbare Dinge wie Geld geht, sondern auch bei »weichen« Faktoren wie der Qualität der Geschäftsbeziehung oder der Bedeutung von Nebenleistungen zum Gehalt, wie z.B. Fortbildungsangebote, Prämien, Firmenrabatte und so weiter.

Mit dem Training dieses NQ®, wie es in diesem Buch beschrieben wird, können Sie Ihre Chancen auf deutlich verbesserte Gehaltsbedingungen stark erhöhen.

Verhandlungserfolg ist messbar

Der NQ® misst die Verhandlungsleistung einer Person ähnlich wie der IQ die Intelligenz. Er ergibt sich aus der Formel:

$$\frac{I}{D} \times 100$$

I ist dabei die individuelle Verhandlungsleistung und D bezeichnet die durchschnittlich erbrachte Verhandlungsleistung in vergleichbaren Situationen.

BEISPIEL

> Wenn jemand in einer Verhandlung oder einer Verhandlungsübung einen Gewinn von 6.000 Euro erzielt, der Durchschnittsgewinn in einer vergleichbaren realen Situation aber 5.000 Euro ist, führt dies zu einem NQ® von 120.

Mit dieser Methode und den später vorgestellten Übungen können Sie – alleine oder im Zusammenspiel mit einem NQ®-Coach – sehen, wie gut Ihre Verhandlungstechnik bereits entwickelt ist und wie stark sie sich durch das Training verbessert.

Sie können damit sogar genau analysieren, wo Ihre Stärken und Schwächen liegen im Hinblick auf die später in diesem Taschen-Guide genauer beschriebenen Erfolgsfaktoren der Verhandlung, wie z. B. Durchsetzungsstärke (vergleiche hierzu auch das Glossar → Claiming Quotient und → WeQ).

Die Basis des guten Verhandelns: das Harvard-Konzept

Das Harvard-Konzept des prinzipienorientierten Verhandelns ist einer der einflussreichsten Ansätze, wenn nicht sogar *der* einflussreichste Ansatz in der gegenwärtigen Verhandlungstheorie. Er wurde 1981 vom US-amerikanischen Rechtswissenschaftler Roger Fisher und William Ury in ihrem Buch »Getting to Yes« veröffentlicht (in der deutschen Übersetzung: »Das Harvard-Konzept«). Roger Fisher hatte das Konzept Ende der 1970er Jahre als hochrangiger Mitarbeiter des US-Außenministeriums unter anderem mit Blick auf die Camp-David-Verhandlung entwickelt, die zu einer mehr oder weniger starken Normalisierung der Beziehungen zwischen Israel und Ägypten und einer Beruhigung des Nahostkonfliktes beitragen sollte.

Das Harvard-Konzept berücksichtigt in Verhandlungen sowohl die Beziehungs- als auch die Sachebene. Ziel der Methode ist es, dass beide bzw. in Mehrparteienverhandlungen alle Seiten als Gewinner aus der Verhandlung hervorgehen.

Sie strebt also eine Win-win-Situation an, die weit über einen Kompromiss hinausgeht, bei dem die Parteien jeweils ein Stückchen verlieren. Alle Beteiligten sollen also den größtmöglichen Nutzen und Vorteil aus der Verhandlung ziehen. Dabei spielt neben der Sachebene auch die Beziehungsebene eine entscheidende Rolle: In der Verhandlung soll die Qualität der persönlichen Beziehungen gewahrt bleiben.

Die vier Grundprinzipien

Der Harvard-Ansatz kann vereinfacht auf vier Grundprinzipien heruntergebrochen werden:

1. Menschen und Probleme sollen getrennt voneinander behandelt werden: Es wird strikt zwischen dem Verhandlungsgegenstand und den persönlichen Beziehungen zwischen den Menschen, die dahinterstehen, getrennt. So werden Emotionen und persönliche Motive aus der Diskussion herausgehalten. Ein Motto des Konzepts lautet daher auch: »Hart in der Sache, weich zu den Menschen.«

2. Es gilt, sich auf die jeweiligen Interessen der Parteien zu konzentrieren, nicht auf deren Positionen: Eine kleinere Rolle spielen die Positionen der Parteien, eine größere die ihnen zugrundeliegenden Interessen. Es sollen, diese berücksichtigend, Entscheidungsmöglichkeiten zum beiderseitigen Vorteil entwickelt werden. Vielen fällt es schwer, den Unterschied zwischen Positionen und Interessen zu erkennen. Die Interessen kann man am besten identifizieren, wenn man

die Warum-Frage stellt. Sie sind die Motive, die hinter einer bestimmten Position, die vertreten wird, stehen. Sie zu erkennen, ist entscheidend, denn darüber lässt sich besser verhandeln als über Positionen.

BEISPIEL

> Lehnt Ihr Chef Ihre Forderung nach mehr Gehalt grundsätzlich ab (= Position), können dahinter unterschiedliche Interessen stecken:
>
> - Er hat kein Budget mehr dafür in diesem Jahr. Dann könnte es in Ihrer beider Interesse sein, für das nächste Jahr eine Gehaltserhöhung zu verabreden.
> - Sie verdienen bereits ohnehin mehr als Ihre Kollegen. Dann könnte es in Ihrer beider Interesse sein, eine Gehaltserhöhung erst nach der Erhöhung der Gehälter für die Kollegen zu verabreden.

3. Es werden Wahlmöglichkeiten entwickelt, die beiden Seiten den größtmöglichen Nutzen bringen: Es soll statt einer Entweder-oder-Haltung eine Sowohl-als-auch-Perspektive eingenommen werden. Die Parteien sind hier aufgefordert, kreativ zu werden und nicht nur ihre Position und ihr Ziel im Fokus zu haben, sondern ihr Spektrum zu erweitern. Dabei hilft es, die verschiedenen Optionen zunächst nur zu sammeln, ohne sie vorschnell zu beurteilen. Ebenso hilfreich ist es, nicht nur nach den eigenen Vorteilen, sondern auch nach dem Nutzen für den anderen zu schauen. Es gilt also, Win-win-Perspektiven statt Lösungen auf Kosten der Gegenseite zu schaffen.

4. Es werden neutrale Beurteilungskriterien für das Verhandlungsergebnis identifiziert bzw. entwickelt und angewendet: Gemeinsam erarbeiten die Verhandlungspartner objektive

Messkriterien aus. Hier geht es darum, sich auf Maßstäbe zu einigen, nach denen die Lösungsvarianten bewertet werden.

BEISPIEL

> Ein möglicher Maßstab kann der Bezug auf eine Gehaltsstudie eines unabhängigen Forschungsinstituts sein, um eine angemessene Gehaltshöhe zu ermitteln.

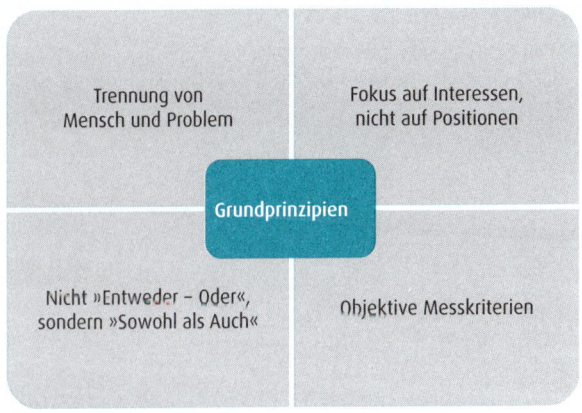

Die vier Grundprinzipien des Harvard-Konzepts

Diese vier Grundprinzipien sind allerdings nur ein erster Einstieg in das Harvard-Konzept. Leider wird es häufig nur auf diese Grundlagen beschränkt. In diesem TaschenGuide werden Sie das Konzept noch detaillierter kennenlernen (so z. B. im Kapitel »Win-win-Kreativität« und im Kapitel »Verhandlungstypen: Wie tickt die Gegenseite? Wie ticken Sie?«.

Auf einen Blick: Optimal verhandeln – nicht nur für Profis

- Gehaltsverhandlungen eilt ein schlechter Ruf voraus: Viele erachten sie als notwendiges Übel. Mit ein wenig Übung und Vorbereitung können sie jedoch durchaus angenehm und vor allem erfolgreich verlaufen.

- Verhandlungstalent ist erlernbar. Mit dem richtigen Training können Sie es messbar verbessern.

- Viele Verhandlungstheorien fußen auf dem Harvard-Konzept, das in den 1970er Jahren an der gleichnamigen Universität entwickelt wurde.

- Seine vier Grundprinzipien sollen es den Verhandlungsparteien möglich machen, gemeinsam ein Ergebnis zu erzielen, das für beide Seiten ein Gewinn ist.

Die Erfolgsfaktoren

Über Geld zu reden, fällt vielen Menschen schwer. Ungleich schwerer erscheint es ihnen, mehr Gehalt vom Chef zu fordern. Dabei ist gutes Verhandeln kein Hexenwerk, vor allem dann nicht, wenn man um die Erfolgsfaktoren weiß, die auch Verhandlungsprofis für sich nutzen.

In diesem Kapitel erfahren Sie u. a.,

- wie Sie Ihre Durchsetzungsfähigkeit erhöhen,
- wie es gelingt, dass beide Seiten zufrieden sind,
- wie ehrlich Sie sein sollten,
- welche Rolle Sympathie spielt.

Durchsetzungsstärke: Wie Sie sich möglichst viel sichern

Wer durchsetzungsstark ist, ist in der Lage, sich möglichst viel vom sprichwörtlichen Kuchen zu sichern. Doch wie erlangt man Durchsetzungsstärke, vor allem im Verhältnis zum Chef, das meist von einem klaren Über- und Unterordnungsverhältnis geprägt ist? Je sicherer Sie sich fühlen, desto eher können Sie sich in der Verhandlung durchsetzen.

Sicher fühlen wir uns unter anderem dann, wenn wir gute Alternativen in der Hinterhand haben. Und genau dies führt uns zur sog. BATNA.

Verleiht Ihnen Verhandlungsmacht: BATNA

Das Ziel einer Verhandlung ist es, ein Resultat zu erzielen, das besser ist als eines, das man ohne Verhandlung erwarten kann. Der für die Gehaltsverhandlung oftmals wichtigste Erfolgsfaktor ist daher die sog. Beste Alternative zum Verhandlungsergebnis, im Englischen: Best Alternative To Negotiated Agreement, kurz: BATNA, genannt.

Die BATNA steht für die beste Alternative, die Sie haben, wenn die Gehaltsverhandlung scheitert – wenn Sie also ohne Einigung vom Verhandlungstisch aufstehen und gehen. Die eigene BATNA zu kennen, ist sehr wichtig, da sie Ihre Verhandlungsmacht bestimmt.

BEISPIEL

> Sie verhandeln mit Ihrem Chef über Ihr Gehalt. Nehmen wir an, dass Ihnen ein anderes Unternehmen eine Stelle angeboten hat, die Ihnen unter Berücksichtigung aller wesentlichen Aspekte genauso gut gefällt – nicht besser und nicht schlechter.
>
> Nehmen wir weiter an, sein Gehaltsangebot an Sie beliefe sich auf 100.000 Euro pro Jahr. In diesem Fall wäre Ihre beste Alternative, die neue Stelle für 100.000 Euro Jahresgehalt anzunehmen. Die 100.000 Euro sind ein wichtiger Aspekt bei der Gehaltsverhandlung mit Ihrem Arbeitgeber. Sie zeigen an, wie stark Ihre Verhandlungsmacht ist. Sie sollten in der Verhandlung mit dem Arbeitgeber kein Angebot unterhalb von 100.000 Euro akzeptieren. Hätte das andere Unternehmen Ihnen nur 80.000 Euro geboten, wäre Ihre Verhandlungsposition wesentlich schlechter.

Nur wer seine Beste Alternative kennt, ist davor gewappnet, sich auf Deals einzulassen, die für ihn nachteilig sind. Sie müssen Ihre BATNA dem Verhandlungspartner nicht nennen. Es reicht, wenn Ihr Arbeitgeber glaubt, dass Sie gute Alternativen zur gegenwärtigen Beschäftigung haben. Teilen Sie also dem anderen Ihre BATNA am besten nicht mit, da Sie sonst Wissen preisgeben, das Sie umgekehrt über Ihr Gegenüber nicht haben. Besser ist es, wenn Sie für die andere Seite den Eindruck erwecken, eine starke Alternative zu haben, ohne diese zu quantifizieren.

Je intensiver Sie sich im Vorfeld zur Gehaltsverhandlung mit den Alternativen zu Ihrer jetzigen Situation beschäftigt haben, desto genauer können Sie Ihre BATNA bestimmen. Fragen Sie sich also:

- Könnten Sie anderswo arbeiten?
- Wäre eine Zeit ohne Job problematisch oder möglicherweise sogar angenehm?

- Wie wäre es, wenn Sie aus dem Gehaltsverhandlungsgespräch herausgehen und nichts ändert sich?

Stützen Sie die Analyse zur BATNA auf Fakten und nicht auf Annahmen. Nur eine realistische, also auch tatsächlich vorhandene, konkrete BATNA gibt Ihnen die notwendige Sicherheit.

Die BATNA der Gegenseite

Zur Einschätzung der eigenen Verhandlungsposition ist es mindestens genauso wichtig, die Beste Alternative der Gegenseite zu analysieren. Natürlich können wir nicht in die Köpfe anderer hineinsehen; die BATNA Ihres Arbeitgebers können Sie also nicht so leicht herausfinden. Es gibt jedoch äußere Anhaltspunkte dafür, die Sie mit den folgenden Fragen näher beleuchten können.

- Wie schlimm wäre es für Ihren Chef, wenn Sie die Arbeit nicht mehr machen würden? Ist er stark auf Ihr spezielles Knowhow angewiesen? Oder sind Sie relativ schnell ersetzbar mit einem ehrgeizigen Nachfolger, der schon mit den Füßen scharrt und bereit ist, für weniger Geld zu arbeiten?
- Kommt es auf Ihre spezielle Expertise an?
- Wie ist die Beschäftigungslage in Ihrer Branche? Herrscht ein Fachkräftemangel oder gibt es viele Bewerber auf wenige Stellen?

Definiert Ihren Erfolg: die Einigungszone

Eng verknüpft mit dem BATNA-Wert ist die sog. Einigungszone. Im Englischen wird sie Zone of Possible Agreements oder kurz: ZOPA genannt. Sie ist die Spanne, innerhalb derer eine Einigung möglich ist. Die Einigungszone wird durch Ihre BATNA und die der Gegenseite festgelegt.

Kommen wir zur Verdeutlichung noch einmal auf das Beispiel oben zurück.

FORTSETZUNG DES BEISPIELS

> Nehmen wir an, Ihr Chef müsste für jemanden, der Ihre Arbeit ebenso gut macht wie Sie, auf dem freien Markt 110.000 Euro bezahlen. In diesem Fall wären 110.000 Euro sein BATNA-Wert, also seine beste Alternative, wenn Sie höhere Forderungen als 110.000 Euro stellen würden.
>
> Für Ihre Gehaltsverhandlung gäbe es eine Einigungszone von 10.000 Euro zwischen den 100.000 Euro, die Sie mindestens bekommen müssen (Ihr BATNA-Wert), und den 110.000 Euro, die Ihr Chef maximal ausgeben würde.

ZOPA und BATNA

Selbst in der schwierigsten Verhandlung mit dem unkooperativsten Gegenüber hilft die Analyse der Einigungszone bei einer Maßnahme, die Sie als letztes Mittel immer anwenden können, wenn sonst nichts nützt: die Unterbreitung eines finalen Angebots. Dieses finale Angebot sollte dann allerdings auch wirklich final sein. Nur wenig ist schlimmer für die Glaubhaftigkeit in Verhandlungen, die Ihre wichtigste Währung für Angebote und auch Drohungen ist, als ein letztes, ein »allerletztes« und ein »aller-allerletztes« Angebot. Das klingt trivial, aber ich bin immer wieder erstaunt, wie oft ich dies von sehr erfahrenen Verhandlern in realen Situationen höre, in denen es um viele Millionen Euro geht.

Ist Ihre Analyse gut gewesen, haben Sie trotz schwierigen Verlaufs immer noch eine große Chance auf ein gutes Ergebnis. Hilfsmittel zur Einschätzung Ihres Verhandlungspartners, wie z. B. die »Tells« von Pokerspielern finden Sie im Kapitel »Unfaire Tricks«.

Nur durch die Analyse der Einigungszone können Sie realistisch einschätzen, ob Ihr Verhandlungsgewinn, als z. B. auch Ihre Gehaltserhöhung, okay ist.

FORTSETZUNG DES BEISPIELS

> Im Beispiel oben wäre eine Gehaltserhöhung von 2.000 Euro recht wenig. Wir hatten ja eine ZOPA von 10.000 Euro, das heißt, Sie hätten davon nur 2.000 Euro gewonnen, Ihr Chef aber 8.000 Euro.
>
> Hätte Ihr Chef eine geringere BATNA gehabt, z. B. 103.000 Euro für den Sie ersetzenden Arbeitnehmer, wären 2.000 Euro mehr Gehalt kein schlechtes Ergebnis. Sie hätten dann zwei Drittel der Einigungszone für sich gewonnen und damit doppelt so viel (2.000 Euro) wie Ihr Chef (nur 1.000 Euro).

Training für Ihre Durchsetzungsfähigkeit

Aber nicht nur das Wissen um die BATNA und die Einigungszone ist wichtig, um eine solide Grundlage für die eigene Durchsetzungsfähigkeit in der Verhandlung zu haben.

Zusätzlich lässt sich Durchsetzungsfähigkeit in Verhandlungen auch trainieren, und zwar mit Verhandlungssimulationen wie den folgenden.

Übung Nr. 1: Auf Gehaltshöhe einigen

Spielen Sie das folgende Szenario mit einem Freund oder Kollegen durch:

Beschreiben Sie Ihrem Gesprächspartner die Situation Ihrer Gehaltsverhandlung und verraten Sie nicht, dass Sie mindestens 100.000 Euro bzw. einen entsprechend angepassten Betrag verdienen möchten. Lassen Sie den anderen einen Betrag zwischen 101.000 und 120.000 Euro wählen und bitten Sie ihn darum, Ihnen diesen Betrag nicht zu verraten. Versuchen Sie dann, sich auf eine Gehaltshöhe zu einigen. Anschließend können Sie analysieren, wer aus der entsprechenden Einigungszone mehr herausgehandelt hat.

BEISPIEL

> Ihr Sparringspartner hat sich für den Betrag 110.000 entschieden. Das Ergebnis Ihrer Verhandlungen war 104.000 Euro. In diesem Fall haben Sie 40 % der Einigungszone für sich gewonnen (4.000 von möglichen

> 10.000 Euro). Die Gegenseite hat 6.000 Euro und damit 60 % gewonnen. Sie konnte also ihre Vorstellungen etwas besser durchsetzen als Sie.

Sie sähen an einem solchen Ergebnis, dass es gut wäre, sich in Sachen Durchsetzungsfähigkeit noch ein wenig zu üben.

Übung Nr. 2: Das Gehalt von André Schürrle

Falls Ihnen die Übung Nr. 1 für den Anfang zu persönlich ist oder Sie noch eine weitere Übung für den Themenkomplex Durchsetzungsfähigkeit versuchen möchten, empfehle ich Ihnen das folgende Training mit einem Sparringspartner:

Stellen Sie sich vor, dass Sie der Agent des Fußballspielers André Schürrle sind, der bei dessen Wechsel vom VfL Wolfsburg zu Borussia Dortmund für seinen Klienten ein möglichst hohes Gehalt heraushandeln möchte.

Bitten Sie einen Sparringspartner, die Rolle von Michael Zorc, dem Sportdirektor von Borussia Dortmund, zu übernehmen.

Legen Sie für sich ein Mindestgehalt Ihres Klienten zwischen 5 und 10 Millionen Euro fest und verraten Sie Ihrem Gegenüber diese Spanne, aber nicht die exakte Zahl, auf die Sie sich festgelegt haben. Bitten Sie den anderen jetzt, eine Maximalzahl zwischen 10 und 20 Millionen Euro festzulegen, ohne Ihnen den exakten Betrag zu sagen. Verfahren Sie anschließend in der Durchführung exakt so wie bei Übung 1. Analysieren Sie danach die Ergebnisse:

Wie ist die Übung gelaufen? Waren Sie mit dem Resultat, dem Prozess und Ihrer eigenen Leistung zufrieden?

Win-win-Kreativität: so viel wie möglich für alle

Neben der Durchsetzungsfähigkeit, die Sie in die Lage versetzt, zu Ihrem Vorteil zu verhandeln, sich also ein möglichst großes Stück vom Kuchen zu sichern, gibt es noch eine zweite Kompetenz in Verhandlungen, die mindestens ebenso wichtig ist: die Win-win-Kreativität. Bildlich gesprochen ist sie die Fähigkeit, den Kuchen mit Kreativität so zu vergrößern, dass alle mehr erhalten. Wer diese Kompetenz hat, schafft es, dass es in der Verhandlung zwei Gewinner gibt. Man spricht hier auch von Win-win-Lösungen.

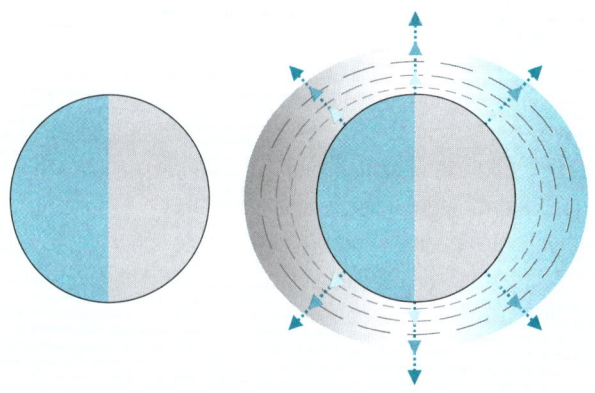

Links: Kompromiss / Rechts: Kuchen vergrößern mit Win-win-Kreativität

> Viele Begriffe in der Verhandlungstheorie kommen aus dem Englischen, so auch Win-win. Wenn in diesem TaschenGuide englische Begriffe benutzt werden, geschieht dies nicht, um Eindruck zu schinden oder weil es kompetenter klingt, sondern weil die englische Form in manchen Fällen den Sachverhalt kürzer und/oder schöner beschreibt und auch für Deutschsprachige leicht verständlich ist. So ist z.B. die Win-win-Lösung deutlich eingängiger und prägnanter als die in der deutschen Literatur häufig zitierte Zwei-Gewinner-Lösung.

Im Kapitel »Durchsetzungsstärke« schien es nur darum zu gehen, sich möglichst viel zu seinem Vorteil zu sichern: Ein Euro mehr Gehalt für Sie scheint für Ihren Arbeitgeber ein Euro weniger Budget und daher eine gleichstarke Verschlechterung zu sein. In der Verhandlungstheorie bezeichnet man dies als »Nullsummenspiel« oder auch, wenn man die Möglichkeit der Nicht-Einigung berücksichtigt, als ein »konstantes Summenspiel«. Dem wirtschaftlichen Gewinn des einen steht ein Verlust des anderen in gleicher Höhe gegenüber. Einer gewinnt, der andere verliert. Diese Win-lose-Situation ist vor allem im Berufsleben, in dem man auf konstruktive Zusammenarbeit angewiesen ist, nicht von Vorteil. Eine Gehaltsverhandlung, die für die eine Seite unbefriedigend ist, hinterlässt einen schalen Beigeschmack, der oft lange anhält und einer guten Arbeitsbeziehung durchaus im Weg stehen kann. Es ist daher besser, eine Win-win-Lösung anzustreben, aus der beide Verhandlungspartner als Gewinner hervorgehen.

Doch kann es eine Win-win-Situation bei Gehaltsverhandlungen überhaupt geben? Ist unser Arbeitgeber, wenn es um Geld geht, nicht doch eher unser »Gegner« beim Kampf um die Aufteilung des Kuchens? Oder kann er etwa auch Ihr Partner bei der Vergrößerung des Kuchens sein? Die Antwort lautet: Ja, tatsächlich! Ihr Chef kann nicht nur Ihr Gegner, sondern auch Ihr Partner sein. Mit geschicktem Verhandeln kann man den Anteil am Kuchen für beide Parteien vergrößern. Das ist zwar nicht immer möglich, aber häufiger, als man auf den ersten Blick annimmt.

Sie können hier auch von der harten und der weichen Dimension des Verhandelns sprechen. Beide Dimensionen haben durchaus ihre Berechtigung, jedoch ist die weiche Win-win-Variante nicht zu unterschätzen. Sie kann Sie bereits emotional entlasten, wenn Sie sich auf ein Gehaltsverhandlungsgespräch vorbereiten. Sie sehen dann Ihren Arbeitgeber nicht als Gegner, sondern als Kooperationspartner. Wenn Sie die innere Haltung haben, eine Win-win-Lösung anzustreben, überträgt sich das zudem mit hoher Wahrscheinlichkeit mehr oder weniger stark auf Ihr Gegenüber und macht die Verhandlung damit konstruktiver.

Kuchen vergrößern mit Nebenthemen

Nicht immer geht es nur um Geld. Wer über den Rand seiner Geldbörse hinausschaut, entdeckt meist schnell andere Themen, die er mit in den Verhandlungstopf werfen kann, um so die Verhandlungsmasse zu vergrößern. Es ist daher generell eine gute Idee zu überlegen, welche Themen außer dem Gehalt für Sie noch wichtig sind.

BEISPIEL

> Sie wollen mindestens 100.000 Euro im Jahr verdienen und Ihr Arbeitgeber möchte Ihnen maximal 120.000 Euro zahlen. Neben diesem Geldaspekt gibt es aber noch ein zweites wichtiges Thema in dieser Gehaltsverhandlung: die Frage, an welchem Ort Sie arbeiten werden – in der Münchener oder in der Berliner Niederlassung.
>
> Nehmen wir an: Sie arbeiten momentan in München und möchten gerne nach Berlin wechseln, weil Sie die Stadt besonders gern mögen, weil Ihre Familie dort wohnt oder aus welchen Gründen auch immer.
>
> Ihr Chef hätte es gerne, dass Sie weiterhin in München bleiben.

Die Frage, wie viel es Ihnen wert ist, dass Sie nach Berlin wechseln können, bzw. die Frage, wie viel es Ihrem Chef wert ist, dass Sie in München bleiben, ist extrem wichtig. Denn die Antwort darauf ermöglicht es uns, den Kuchen zu vergrößern:

Nehmen wir an, der Umzug nach Berlin wäre Ihnen 20.000 Euro wert, das heißt, Sie würden genauso gerne 100.000 Euro in München wie 80.000 Euro in Berlin verdienen. Wenn Ihnen in diesem Fall die Berlin-Lösung als schlechter erscheint, heißt das, dass es Ihnen weniger als 20.000 Euro wert ist, z. B. 5.000 Euro, während es Ihnen bei 95.000 Euro gleichwertig erscheint.

Ihrem Chef ist es dagegen 10.000 Euro wert, Sie in München zu behalten, das heißt, er würde Ihnen ebenso gerne oder ungerne 120.000 Euro in München bezahlen wie 110.000 Euro in Berlin.

Die folgende Tabelle zeigt die Werte der Verhandlungsthemen für beide Parteien; sie ist übrigens ein besonders nützliches Instrument der Verhandlungsvorbereitung, das Sie für jede Verhandlung nutzen können.

	Sie	Chef	»Kuchengröße«
München	100	120	20
Berlin	80	110	30

Wie groß ist jetzt der Verhandlungskuchen? Weiterhin 20.000 Euro zwischen 100.000 und 120.000 Euro? Nein, er hat sich vergrößert. Wir können jetzt gemeinsam mit unserem Chef bessere Deals machen: Ein möglicher und sehr fairer Deal wäre ein Gehalt von 110.000 Euro in München. Beide Parteien gewinnen damit 10.000 Euro gegenüber ihrer Schmerzgrenze. Dieser Deal wäre aber nicht besonders effizient (in der Verhandlungstheorie wird dies auch Pareto-effizient genannt (siehe dazu näher das Glossar). Es wären im ersten Beispiel 10.000 Euro (Pareto-)ineffizient »verschenkt« worden, die sich beide Parteien im zweiten Beispiel untereinander aufteilen dürfen.

Ein Deal mit 95.000 Euro in Berlin wäre genauso fair, aber für beide Seiten besser: Sie gewinnen jetzt 15.000 Euro gegenüber Ihrer Schmerzgrenze von 80.000 Euro für Berlin, die Gegenseite gewinnt aber auch 15.000 Euro statt »nur« 10.000 Euro, da sie ja in Berlin bereit war, 110.000 zu zahlen.

Der Kuchen vergrößert sich also um 10.000 Euro. Klingt das zu schön, um wahr zu sein? Wie ein unseriöser Taschenspielertrick? Nein, es ist »nur« gute Verhandlungstechnik. Sie und Ihr Chef haben sich gemeinsam in diesem Beispiel 10.000 Euro an Mehrwert dadurch verdient, dass Sie partnerschaftlich und effizient den Kuchen vergrößert haben, was durch die Hinzunahme eines zweiten (Neben-)Themas möglich wurde.

Trotzdem bleibt natürlich die Frage, wie dieser nun vergrößerte Kuchen aufgeteilt wird, das heißt, ob Sie 5.000 Euro von den zusätzlichen 10.000 abbekommen bzw. mehr oder weniger. Auch diese harte Dimension des Verhandelns bleibt natürlich wichtig (zum Zusammenspiel beider Dimensionen siehe das Kapitel »Intelligent kooperieren«).

Das Orangen-Beispiel, oder: Wer braucht was?

Starten wir dieses Kapitel mit einem Beispiel, in dem es ganz profan um eine Orange geht.

> Sie können zunächst auch mit der Übung Nr. 1 beginnen und sich so die folgenden Erkenntnisse selbst erarbeiten.

BEISPIEL

> Zwei Kinder streiten sich um eine Orange. Die Mutter schlichtet den Streit mit einem Kompromiss und teilt die Frucht in zwei Hälften. Erst, als jedes Kind eine Hälfte hat, stellt sich heraus, dass das eine Kind die Orange essen will, während das andere Kind nur die Schale braucht, weil es damit backen will. Der Kompromiss war also nicht die beste

> Lösung. Jedes Kind hätte mehr, wenn vorher die Absicht klar gewesen wäre, warum es die Orange braucht.

Dieses berühmt gewordene Beispiel der Verhandlungsexperten Fisher und Ury (in »Das Harvard-Konzept«, 1991) zeigt anschaulich, warum der Grundsatz des Harvard-Konzepts »Interessen statt Positionen« so wichtig ist: Erst durch die damit verbundene Technik der Warum-Frage, mit der die Interessen der Parteien ermittelt werden, wird Mehrwert geschaffen, der Kuchen also vergrößert.

- Die Positionen der Kinder waren jeweils: Ich will die Orange.
- Die Interessen der Kinder waren jedoch verschieden. Das eine wollte mit der Orange seinen Hunger bzw. Durst stillen; das andere wollte seinen Kuchen mit der Orangenschale verfeinern.

Hätte die Mutter gleich nach den Interessen der Kinder gefragt, also nach dem Warum, hätten beide doppelt so viel Verhandlungswert erzielt wie bei dem Kompromiss, den die Mutter traf. Das eine hätte die ganze Frucht bekommen, das andere die ganze Schale.

Indem man also den Fokus auf die hinter den Positionen liegenden Interessen legt, kommt man zu besseren Lösungen, als es mit der »fairen« 50:50-Aufteilung möglich wäre.

Die dem Beispiel und der Warum-Technik zugrundeliegende Logik können Sie mit den folgenden Übungen trainieren.

Übung Nr. 1: Die Orangenplantage

Diese Übung ist eine von mir entwickelte Variante des Trainingsspiels »Die Orangenplantage« von Petra Schächtele (in: Axel Rachow [Hrsg.]: Spielbar II. 2002, managerSeminare, Bonn), das seinerseits auf einer Idee aus dem Buch »Harvard-Konzept« von Fisher und Ury basiert.

Suchen Sie sich einen Verhandlungspartner. Einigen Sie sich mit ihm darüber, wer welche Rollen einnehmen soll und lesen Sie jeder für sich die jeweils dazu passenden »geheimen« Instruktionen. Verhandeln Sie anschließend miteinander, bevor Sie sich gemeinsam die mögliche Lösung ansehen.

Geheime Instruktionen für den Verkäufer (Rolle A)

- **Situation:** Sie besitzen eine Orangenplantage, die ohne chemische Mittel produziert. Der Ertrag belief sich dieses Jahr auf 100 Tonnen Orangen. Um die Plantage im nächsten Jahr weiterführen zu können, müssen Sie mindestens 100.000 Dollar einnehmen. Gut wären 20.000 Dollar mehr. Dann hätten Sie genug Geld, um die Bewässerungsanlage zu erweitern, die bisher nur 20 % der Plantage erreicht. Damit könnten Sie das Aussehen und vor allem die Qualität der Früchte noch verbessern. Ein Saftproduzent hat Ihnen für die 100 Tonnen Orangen 110.000 Dollar angeboten, um daraus biologisch-dynamischen Orangensaft zu machen. Außerdem gibt es noch einen weiteren Interessenten (Rolle B), über den Sie nur wenige

Informationen haben, mit dem Sie aber in einigen Minuten verhandeln werden.

- **Ihr Ziel:** Machen Sie das beste Geschäft.

Geheime Instruktionen für den Einkäufer (Rolle B)

- **Situation:** Sie wollen bei einer Orangenplantage 100 Tonnen Orangen einkaufen, um aus den Schalen biologisch-dynamische Orangenmarmelade nach englischem Rezept herzustellen. Mit weniger Orangen wären Ihre Anlagen nicht genügend ausgelastet. Sie wollen natürlich so wenig wie möglich aufwenden, maximal können Sie 120.000 Dollar ausgeben.
- **Ihr Ziel:** Machen Sie das beste Geschäft.

Mögliche Lösungsvariante

Wie ist Ihre Verhandlung ausgegangen? Haben Sie die Orangen zu einem guten Preis verkauft/gekauft? In dieser Übung kann man sich durchaus auf einen Orangenverkauf einigen z. B. für 115.000 Dollar, beide gewinnen dann 5.000 Dollar gegenüber Ihrer BATNA-Situation. Mit der Warum-Technik könnten Sie aber beide auch 60.000 Dollar gewinnen, wenn Sie nur die Schalen für 60.000 Dollar handeln. Die folgende Tabelle verdeutlicht die Einigungszone in dieser Verhandlung.

	Verkäufer (Rolle A)	Einkäufer (Rolle B)	Win-win-Potenzial
Orangen	110.000	120.000	10.000
Orangenschalen	0	120.000	120.000

Übung Nr. 2: Die Kunst der Diplomatie

Die folgende Übung begleitet Sie in die Welt der großen Politik. Ich nutze sie in meinen Trainings. Sie ist inspiriert durch ein Fallbeispiel aus dem Buch Das »Harvard-Konzept« von Fisher und Ury und basiert auf wahren Begebenheiten: den Camp-David-Verhandlungen zwischen Israel und Ägypten über die Sinai-Halbinsel Ende der 1970er Jahre. Die historischen Hintergründe sind aus didaktischen Gründen jedoch nicht ganz exakt wiedergegeben.

Suchen Sie sich einen Verhandlungspartner. Einigen Sie sich mit ihm darüber, wer welche Rollen einnehmen soll und lesen Sie jeder für sich die jeweils dazu passenden »geheimen« Instruktionen. Verhandeln Sie anschließend miteinander, bevor Sie sich gemeinsam die mögliche Lösung ansehen.

Geheime Instruktionen für Menachem Begin, Ministerpräsident von Israel (Rolle A)

Camp David/USA, 1978. Auf Vermittlung von US-Präsident Jimmy Carter befinden sich Israel und Ägypten in Geheimverhandlungen über die seit dem Sechstagekrieg 1967 von Israel besetzte Sinai-Halbinsel.

Sie sind Menachem Begin, der Ministerpräsident von Israel. In wenigen Minuten werden Sie Answar as-Sadat, den Präsidenten von Ägypten, treffen, um mit ihm darüber zu verhandeln, ob – und falls ja, in welchem Umfang und zu welchen

Bedingungen – Israel die Sinai-Halbinsel ganz oder teilweise an Ägypten zurückgeben wird.

Ihre Position ist, dass dies überhaupt nicht oder nur in sehr geringem Umfang passieren sollte. Ihr Hauptinteresse ist, dass das ägyptische Militär, das auf die Vernichtung der Existenz Israels aus ist, möglichst weit von Ihrer Grenze entfernt bleibt. Sie wollen damit den Frieden erhalten, den Sie sich 1967 so mühsam erkämpft haben. Dieser Aspekt ist Ihnen drei Mal wichtiger als alle anderen Aspekte der Verhandlung!

US-Präsident Jimmy Carter hat Ihnen vertraulich mitgeteilt, dass er – sollten Sie sich nicht einigen – in den nächsten Tagen einen US-Friedensplan vorstellen wird, der vorsieht, dass von den ca. 200 Kilometern Mittelmeerküste der Sinai-Halbinsel mindestens 150 Kilometer bis Al »Arish an Ägypten zurückgegeben werden sollen, so dass Ihnen lediglich eine kleine Sicherheitszone von ca. 50 Kilometer bis zu Ihrer Grenze bliebe. Sie halten es für realistisch, dass die USA diesen Plan durchsetzen können und würden sich ihm zur Not fügen«.

Versuchen Sie nun, in den Verhandlungen einen für Ihr Land besseren Deal zu erreichen.

Geheime Instruktionen für Answar as-Sadat, Präsident von Ägypten (Rolle B)

Camp David/USA, 1978. Auf Vermittlung von US-Präsident Jimmy Carter befinden sich Israel und Ägypten in Geheimverhandlungen über die seit dem Sechstagekrieg 1967 von Israel besetzte Sinai-Halbinsel.

Sie sind Answar as-Sadat, Präsident von Ägypten. In wenigen Minuten werden Sie Menachem Begin, den Ministerpräsidenten von Israel treffen, um mit ihm darüber zu verhandeln, ob – und falls ja, in welchem Umfang und zu welchen Bedingungen – Israel die Sinai-Halbinsel ganz oder teilweise an Ägypten zurückgeben wird.

Ihre Position ist, dass dies vollständig oder zumindest größtenteils passieren sollte. Ihr Hauptinteresse ist, dass nach über zehn Jahren israelischer Besatzung die ägyptische Flagge wieder über möglichst viel Territorium weht und Sie so viel Land wie möglich zurückbekommen. Dieser Aspekt ist Ihnen drei Mal wichtiger als alle anderen Aspekte der Verhandlung!

US-Präsident Jimmy Carter hat Ihnen vertraulich mitgeteilt, dass er – sollten Sie sich nicht einigen – in den nächsten Tagen einen US-Friedensplan vorstellen wird, der vorsieht, dass von den ca. 200 Kilometern Mittelmeerküste der Sinai-Halbinsel mindestens die 50 Kilometer bis Bi'r al »Abd an Ägypten zurückgegeben werden sollen und Israel ca. 150 Kilometer als Sicherheitszone besetzt halten kann. Sie schätzen es als realistisch ein, dass die USA diesen Plan durchsetzen können und würden sich ihm zur Not auch fügen.«

Versuchen Sie nun, in den Verhandlungen einen für Ihr Land besseren Deal zu erreichen.

Mögliche Lösungsvariante

Auch wenn es hier um Großes geht, gleicht die Logik doch der des Orangen-Beispiels. Es gibt eine scheinbar nicht in Einklang zu bringende Position und dahinterstehende unterschiedliche Interessen.

- Die Position beider Seiten ist: Ich will den Sinai!
- Die Interessen sind: »Ich will das Land« (Ägypten), bzw.: »Ich will Frieden/eine Sicherheitszone« (Israel).

Haben Sie, wie seinerzeit Präsident Carter nach der Beratung mit Roger Fisher, die Warum-Frage gestellt: Warum wollt ihr den Sinai? Dann sind Sie vielleicht auch auf die berühmte Formel gekommen: »Land für Frieden« – eine demilitarisierte Zone unter ägyptischer Verwaltung für den Sinai, weil Ägypten das Territorium und Israel einen Sicherheitsabstand haben möchte.

Die ganze Welt liebt in meinen internationalen Verhandlungstrainings diese Übung, nur in Israel und der arabischen Welt werden (verständlicherweise) viele Nachteile benannt – trotzdem: ein gutes Beispiel für die sinnvolle Anwendung von Verhandlungstechnik und leider eines der seltenen im Nahostkonflikt.

Die folgende Tabelle zeigt die Verhandlungssituation in der Übersicht. Israel bekommt einen Punkt für jeden Kilometer

Land und drei Punkte für jeden Kilometer Demilitarisierung, für Ägypten ist es umgekehrt.

Die Sinai-Halbinsel: Quantitative Auswertung			
Parteien:	Israel	Ägypten	Win-win-Potenzial
Mögliche Ergebnisse:			
Beste Alternative	50 km Sicherheitszone	150 km Sicherheitszone	100 km Sicherheitszone (400 Punkte)
Land an Ägypten	Minus 1 Punkt/km	Plus 3 Punkte/km	2 Punkte/km (d.h. 400 Punkte bei 200 km)
Demilitarisierung der Sinai-Halbinsel	Plus 3 Punkte/km	Minus 1 Punkt/km	2 Punkte/km (d.h. 400 Punkte bei 200 km)
Summe			(800 Punkte)

Vergleicht man diese Lösung mit weiteren Lösungsvarianten, wird offensichtlich, dass sie ihnen weit überlegen ist.

Weniger optimale Feilschlösung: +/– 100 km Sicherheitszone

Bei einer Feilschlösung, bei der es um +/– 100 Kilometer Sicherheitszone geht, gewinnen beide nur jeweils 200 Punkte +/– (150 für das Haupt- und 50 für das Nebeninteresse). Der Gesamtwert beim positionellen Feilschen beträgt also nur 400 Punkte.

Demgegenüber beträgt der Gesamtwert beim prinzipienorientierten Verhandeln nach Interessen: 800 Punkte:

- Israel gewinnt 400 Punkte (450 – 50).
- Ägypten gewinnt 400 Punkte (450 – 50).

Die Warum-Technik in der Gehaltsverhandlung

Was in der großen Politik und auch beim Verhandeln um Ware funktioniert, lässt sich natürlich auch auf Gehaltsverhandlungen anwenden.

BEISPIEL

> Ihre Position: »Ich will mehr Gehalt!«
>
> Position Ihres Chefs: »Ich will Ihnen nicht mehr Gehalt zahlen!«
>
> Ihre Warum-Frage: »Was ist Ihr Interesse dahinter?«
>
> Seine Antwort: »Ich habe kein Budget!«
>
> Seine Gegenfrage an Sie: »Warum brauchen Sie mehr Gehalt?«
>
> Eine mögliche Antwort von Ihnen: »Ich plane, im kommenden Jahr ein Haus zu bauen.«
>
> Mögliche Lösung, die beiden Interessen gerecht wird: Die Gehaltserhöhung wird für das kommende Jahr vereinbart.

Natürlich ist die Realität nicht immer so schön einfach wie in diesen Beispielen und Übungen, aber das Prinzip und die Technik funktionieren immer dann, wenn Verhandlungsthemen unterschiedlich eingeschätzt werden. Im Beispiel oben ist es der Zeitpunkt, zu dem die Gehaltserhöhung eintritt.

Kuchenaufteilungsaspekte können wichtig bleiben. Auch die Israelis hätten den Sinai lieber behalten und die Ägypter ihn lieber weiter militarisiert. Entscheidend aber ist, dass der Kuchen auch vergrößert werden kann und dass das eigene Stück damit wahrscheinlich größer werden und leichter zu erringen sein wird.

Bei alldem bleibt natürlich die Frage, wie dieser nun vergrößerte Kuchen aufgeteilt wird, wie viel Sie also von dem Mehr abbekommen. Auch diese harte Dimension des Verhandelns ist selbstverständlich wichtig. Das Zusammenspiel der weichen und harten Dimension lernen Sie im Kapitel »Intelligent kooperieren« kennen, in dem es um das sog. Verhandlungsdilemma geht.

Intelligent kooperieren

Ist es in einer Gehaltsverhandlung besser, alle Karten auf den Tisch zu legen und die eigenen Interessen und Gedanken zu offenbaren? Oder ist es klüger, sie für sich zu behalten? Wie ehrlich, d.h. kooperativ, sollten Sie sein? Dies ist eine der wichtigsten taktischen Fragen in der Verhandlungsführung. Sie bringt uns in ein Dilemma, nämlich in das sog. Verhandlungsdilemma, das in der Spieltheorie, die sich mit der Analyse von Entscheidungssituationen befasst, auch als Gefangenendilemma bekannt ist.

Das Gefangenendilemma

Zwei Kriminelle planen miteinander eine Straftat. Sie handeln aus, dass sie sich nicht gegenseitig verraten werden, wenn sie erwischt werden sollten. Es kommt, wie es kommen muss: Sie werden auf frischer Tat ertappt. Beide werden getrennt voneinander von der Polizei verhört. Ihnen wird jeweils eine mildere Strafe angeboten, wenn sie den anderen Kriminellen verraten.

Beide Optionen sind problematisch: sowohl die andere Seite zu verraten als auch, dies nicht zu tun.

Nehmen wir an, die Höchststrafe für die Straftat wären fünf Jahre Gefängnis.

1. Schweigen beide, könnte man ihnen nicht alles nachweisen und sie bekämen jeweils vielleicht drei Jahre erlassen.
2. Sollte einer der beiden allerdings »auspacken« und den anderen bezichtigen, bekäme der jeweils andere die Höchststrafe von fünf Jahren und der ihn Verratende keine Strafe.
3. Sollten sie sich aber gegenseitig bezichtigen, wüsste die Polizei alles über die Straftat und beide bekämen vielleicht vier Jahre (also nur ein Jahr erlassen, weil sie eine Aussage gemacht haben). Sie wären aber besser dran gewesen, wenn sie eisern geschwiegen hätten. Dann hätten beide noch zwei weitere Jahre weniger Gefängnisstrafe bekommen (siehe Variante 1).

Die folgende Tabelle illustriert die Struktur des Gefangenendilemmas:

	Gefangener B: Kooperation	Gefangener B: Nicht-Kooperation
Gefangener A: Kooperation	B= 3, B = 3	A = 0, V = 5
Gefangener A: Nicht-Kooperation	V = 5, A = 0	S = 1, S = 1

> Legende:
> Die Zahlen bezeichnen die Anzahl der Jahre, um die die Strafe reduziert wird.
> - A: Ausnutzung der Situation
> - B: Belohnung für gegenseitige Kooperation
> - S: Strafe
> - V: Versuchung, die Situation auszunutzen
>
> *Quelle: Axelrod, The Evolution of Cooperation, New York 1984, S. 8*

Bei Gehaltsverhandlungen sollten Sie sich eine sehr ähnliche Frage stellen wie die beiden Gefangenen im Verhör. Kommen wir zurück auf das Berlin-München-Beispiel (siehe Kapitel »Win-win-Kreativität«). Hier lautet die Frage: Sollten Sie so ehrlich sein, Ihrem Chef zu verraten, dass Sie viel lieber in Berlin statt in München arbeiten möchten? Ähnlich dem Gefangenendilemma haben Sie hier ein Verhandlungsdilemma, weil Sie zwei Optionen zur Auswahl haben, die beide nicht optimal sind:

- Sind Sie zu ehrlich/zu kooperativ, werden Sie möglicherweise ausgenutzt, weil Ihnen dann vermutlich für den von Ihnen präferierten Standort Berlin ein viel niedrigeres Gehalt angeboten wird.

- Wenn Sie nicht ehrlich zugeben, dass Sie deutlich lieber nach Berlin möchten, werden Sie und Ihr Chef möglicherweise nicht herausfinden, welche Variante für beide die bessere/effizientere Lösung ist. Vielleicht hätte Ihr Chef Ihnen in München möglicherweise sogar ein extrem hohes Gehalt gezahlt, um Sie dort zu halten?

Das Experiment: Dilemma-Kartenspiel

Bevor ich Ihnen eine Lösung für dieses Problem präsentiere, lade ich Sie zu einem Experiment ein, mit dem Sie Ihre Kooperationskompetenz in einer entsprechenden Dilemma-Situation testen und trainieren können. Das Experiment ist ein relativ simples Kartenspiel, für das Sie mindestens einen Mitspieler brauchen. Einen besseren Effekt erzielen Sie, wenn es von mindestens drei, noch besser von vier Personen gespielt wird.

> **Die Regeln des Gefangenendilemma-Kartenspiels (Version von Rasmus Tenbergen)**
>
> Jeder bekommt pro Runde zwei Karten:
> - eine rote, die für Kooperation steht, und
> - eine schwarze, die Nicht-Kooperation symbolisiert.
>
> Die rote Karte ist hier nicht etwa wie beim Fußball die schlechte Karte, sondern die gute.
>
> Zwei Mitspieler legen gleichzeitig jeweils eine der beiden Karten verdeckt auf den Tisch und decken sie anschließend auf. All dies geschieht, ohne zu sprechen. Senden Sie dabei auch möglichst wenig non-verbale Signale.
>
> Nehmen mehr als zwei Spieler teil, spielen sie wie bei einer Fußball-Weltmeisterschafts-Vorrunden-Vierergruppe jeder gegen jeden jeweils drei Runden miteinander.
>
> Pro Runde gibt es die folgenden Punkte:
> - 5 Punkte, wenn Sie schwarz spielen und die Gegenseite rot,
> - 3 Punkte, wenn beide rot spielen,
> - 1 Punkt, wenn beide schwarz spielen und
> - 0 Punkte, wenn Sie rot spielen und die Gegenseite schwarz.

> **Die Regeln des Gefangenendilemma-Kartenspiels (Version von Rasmus Tenbergen)**
>
> Das Ziel des Spiels ist es, für sich selbst möglichst viele Punkte zu ergattern, d. h., es ist besser, wenn Sie z. B. 25:30 »verlieren«, als wenn Sie 23:18 »gewinnen«.
>
> Am Ende des Spiels wird der »Turniersieger« mit der absolut höchsten Punktzahl über alle Runden gekürt und dessen Strategie analysiert.

Analyse bei der Mehrspieler-Variante

Falls Sie das Spiel mit drei oder mehr Personen gespielt haben, ist es nun interessant, gemeinsam über die folgenden Fragen nachzudenken:

- Welche Strategie war maßgeblich für den Sieg?
- Setzte der Gewinner überwiegend bzw. nur schwarze oder mehr bzw. nur rote Karten ein?
- Inwiefern war das Kartenspiel einer realen Verhandlung ähnlich; in welchen Aspekten unterschied es sich davon? (Ein Beispiel: Möglicherweise ist ähnlich wie in einer realen Gehaltsverhandlung Vertrauen missbraucht worden oder verlorengegangen?)
- Welche weiteren Fragen stellen sich Ihnen?

Analyse bei der Zwei-Spieler-Variante

Falls Sie das Spiel nur zu zweit gespielt haben, vergleichen Sie Ihr Ergebnis nach 20 Spielzügen einmal mit den folgenden möglichen Varianten. Vielleicht erkennen Sie Ihre Taktik wieder.

- Spielen beide Spieler ausschließlich rote Karten, bekommen sie jeweils 60 Punkte, also ein für die beiden kooperativen Verhandler recht gutes Ergebnis.
- Spielt der eine ausschließlich rote, der andere nur schwarze Karten, bekommt derjenige mit den roten Karten 0 Punkte, derjenige mit den schwarzen Karten 100 Punkte – ein Ergebnis, das also extrem gut für den unkooperativen und extrem schlecht für den kooperativen Verhandler ist.
- Spielen beide nur schwarze Karten, bekommen sie jeweils nur 20 Punkte, was ein sehr schlechtes Ergebnis für die beiden unkooperativen Verhandler ist.

Welche Strategie würden Sie im Kartenspiel bzw. in einer echten Gehaltsverhandlung verfolgen?

Zufallsgeneratoren bzw. zwei Affen, mit denen das Experiment durchgeführt wurde, kamen statistisch auf ein Ergebnis von jeweils 45 Punkten. Das entspricht interessanterweise ziemlich genau dem Durchschnittsergebnis von weit über 1.000 Teilnehmern, die diese Übung in meinen Seminaren durchgeführt haben. Experten in der Spieltheorie, so z. B. Forscher von Universitäten mit diesem Spezialgebiet, waren häufig noch schlechter

– eine Erkenntnis, die für die menschliche Spezies nicht gerade schmeichelhaft ist.

Gibt es nun aber bessere und schlechtere Strategien für dieses Problem? Vielleicht sogar eine universell gute Strategie, unabhängig davon, wie die andere Seite agiert?

Im Folgenden möchte ich Ihnen eine Lösungsvariante für Ihre Gehaltsverhandlung empfehlen, die sicherlich auch einige diskussionswürdige Nachteile hat, aber in der Verhandlungspraxis sehr viele Vorteile mit sich bringt: die sog. Tit-for-Tat-Strategie, frei übersetzt mit »Wie du mir, so ich dir«. Zu dieser Vorgehensweise gibt es mittlerweile sehr viele interessante Studien, Experimente und Analysen (vgl. z.B. Axelrod, 1984, und Lax/Sebenius 1986).

Die Lösung des Dilemmas: die Tit-for-Tat-Strategie

Die Tit-for-Tat-Strategie folgt nur zwei Regeln:

- Beginnen Sie zunächst immer mit Kooperation – im Kartenspiel wäre das die rote Karte.
- Fahren Sie so fort, wie sich die andere Partei in der Runde zuvor verhalten hat.

Diese Strategie ist

- freundlich, denn sie beginnt mit Kooperation,
- einfach zu verstehen, was ein Vorteil in Verhandlungen ist,

- nicht naiv: Wer danach handelt, lässt sich nicht provozieren und reagiert auf Nicht-Kooperation der Gegenseite ebenfalls mit Nicht-Kooperation.
- versöhnlich: Kehrt die Gegenseite auf den Pfad der Kooperation zurück, tut man dies auch.
- großzügig: Sie gönnt der Gegenseite Erfolg, wenn man selbst erfolgreich ist.

Die Tit-for-Tat-Strategie in der Praxis

Die Tit-for-Tat-Strategie bietet wie so viele andere Strategien einen Handlungsleitfaden. Ihn jedoch immer, losgelöst von der konkreten Verhandlungssituation, ganz genau einzuhalten, wäre nicht ratsam. Gandhi sagte einst, wenn wir immer dem Prinzip »Auge um Auge, Zahn um Zahn« folgten, seien wir irgendwann alle blind. Auch müssen wir nicht im realen Leben alle Gewinne sofort und exakt zurückgeben, wie es die Strategie in der Theorie verlangt. Wir dürfen natürlich auch ab und zu Verhandlungsgewinne behalten.

Mögliche Missverständnisse sind das größte Problem dieser Strategie: Wenn Sie versuchen, freundlich zu lächeln, um damit Ihre Kooperationsbereitschaft zu signalisieren, die Gegenseite dies aber als arrogantes Grinsen interpretiert, wird sie wahrscheinlich mit Nicht-Kooperation reagieren. Auch deshalb ist es so wichtig, bei der Anwendung dieser Strategie nicht zu streng theoretisch vorzugehen und je nach Situation etwas zu variieren.

BEISPIEL

> So können Sie die Nicht-Kooperation Ihres Gegenübers auch mal verzeihen und erst auf eine Wiederholung reagieren (Tit-for-two-Tats). Oder Sie können in einer verfahrenen Situation auch einmal eine Kooperation einstreuen, um wieder auf einen konstruktiven Pfad zu kommen.

Wie hilft Ihnen nun die Tit-for-Tat-Strategie bei Gehaltsverhandlungen? Führen wir hierzu das Beispiel mit der Berlin-München-Frage fort.

BEISPIEL

> Sie können mit kleinen Kooperationsschritten beginnen und weitere Kooperation von der Reaktion abhängig machen. Fragen Sie z. B., ob für die Gegenseite die Arbeit in München oder in Berlin gleichwertig ist, bevor Sie gegebenenfalls – bei einer Ihnen einigermaßen offen und ehrlich erscheinenden Antwort des Chefs – Ihre Präferenz für Berlin (mehr oder weniger vorsichtig!) zu erkennen geben. Wird von der Gegenseite nicht kooperiert, erkennbar z. B. durch die Verweigerung der Auskunft auf die Frage, schränken Sie auch Ihre Kooperation ein, beispielsweise, indem Sie versuchen, die Höhe des Gehalts unabhängig vom Einsatzort zu optimieren.

Der Sympathie-Faktor

Bisher haben wir uns auf diejenigen Erfolgsfaktoren für die Gehaltsverhandlung konzentriert, die mit der Verhandlungsanalyse zu tun haben. Es gibt noch einige weitere Faktoren, die zum Teil eher psychologischer Natur sind. Verhandlungsanalyse und Verhandlungspsychologie sind dabei keine Gegensätze, sondern zwei wichtige Elemente, die sich ergänzen.

So können beispielsweise die Sympathie und die Beziehung eine wichtige Rolle bei Verhandlungen spielen. Auch wenn Sie ein noch so brillanter Analytiker der Einigungszone sind und der Gegenseite ein sachlich perfektes Angebot unterbreiten, wird dies möglicherweise trotzdem abgelehnt, wenn Sie der Gegenseite nicht sympathisch genug sind. Die »Chemie« muss also stimmen. Sowohl auf der inhaltlichen Ebene als auch für die Frage, ob die Gegenseite unsere Vorschläge akzeptiert, kann Sympathie entscheidend sein.

Der wichtigste Faktor zur Verbesserung der eigenen positiven Wirkung ist die ehrlich gemeinte innere Haltung, der anderen Seite Verhandlungserfolge auch zu gönnen.

Die Spiegel-Technik

Eine einfache Technik, mit der Sie Ihren Sympathie-Faktor erhöhen können, ist das Spiegeln des anderen, im Englischen auch Mirroring genannt. Diese Technik basiert auf einer menschlichen Eigenart: Wir umgeben uns gerne mit Menschen, die uns ähnlich sind. Wir finden sie viel sympathischer als diejenigen, die ganz anders als wir sind. Wenn Sie sich Ihrem Gegenüber in Gestik, Mimik, Körperhaltung und Sprache anpassen, erkennt es – unbewusst – einen Gleichgesinnten in Ihnen und seine Sympathie für Sie wächst.

> **Wie das Mirroring funktioniert**
> - Beobachten Sie genau, wie der andere sich bewegt, wie er sitzt, wie er gestikuliert. Hören Sie genau hin, wie schnell und wie laut er spricht und welche Begriffe und Formulierungen er benutzt.
> - Versuchen Sie sich ähnlich zu bewegen bzw. die gleiche Sitzposition einzunehmen, ähnlich zu formulieren und in der gleichen Lautstärke und im ähnlichen Tempo wie Ihr Gegenüber zu reden.

Übertreiben sollten Sie diese Technik freilich nicht. Ihr Chef darf schließlich nicht das Gefühl bekommen, dass Sie ihn nachahmen.

Aktives Zuhören

Wer richtig zuhört, wirkt sympathisch auf sein Gegenüber. Was selbstverständlich klingt, ist es im Berufsalltag nicht. Vor allem, wenn wir ein Anliegen haben, neigen wir dazu, selbst viel zu sprechen, zu argumentieren und weniger auf die Redebeiträge des anderen zu achten. Die Technik des Aktiven Zuhörens hilft Ihnen dabei, dies zu vermeiden.

Aktives Zuhören funktioniert so:

- Nehmen Sie sich Zeit für die Worte des anderen und konzentrieren Sie sich auf das, was er sagt. Signalisieren Sie ihm das auch mit Ihrer Körpersprache: Nicken Sie ab und an; wenden Sie sich ihm zu; stellen Sie Blickkontakt her.
- Lassen Sie Ihr Gegenüber ausreden.

- Bestätigen Sie das Gehörte kurz, ohne es zu bewerten, z. B. so: »Es geht also um das Jahresbudget.«, oder: »Sie sagen, ich bin ohnehin schon in einer höheren Gehaltsstufe als meine Kollegen.«
- Fragen Sie bei Unklarheiten nach, so z. B.: »Könnten Sie mir dies noch ein bisschen genauer erklären?«
- Seien Sie zurückhaltend mit Ihren eigenen Gefühlen und lassen Sie sich durch die Einwände des anderen nicht aus der Ruhe bringen.
- Halten Sie die Pausen des anderen aus.
- Denken Sie, bevor Sie etwas entgegnen, sichtbar nach. So signalisieren Sie Ihrem Chef, dass Sie seine Argumente wertschätzen und sie ernst nehmen.

Auch durch das sog. paraphrasierende Zuhören machen Sie klar, dass Sie an den Aussagen des anderen interessiert sind.

BEISPIEL

»Habe ich richtig verstanden, dass es für Sie sehr wertvoll wäre, wenn ich häufiger in München wäre?«

»Sie meinen also, es wäre besser wenn ich öfter in München wäre?«

»Ich habe das jetzt so verstanden: ....«

Solche Techniken, die Sympathie für die eigene Person zu erhöhen, sollten, wie im Übrigen viele andere psychologische Aspekte (Kultur, Körpersprache, Wahrnehmung), in ihrer Wirkung weder über- noch unterschätzt werden. Bleiben Sie bei ihrer

Anwendung stets authentisch. Wenn Sie es übertreiben und der andere sich manipuliert fühlt, erzielen Sie einen gegenteiligen Effekt.

Überzeugungskraft

Ein weiterer wichtiger Erfolgsfaktor für eine Gehaltsverhandlung ist Ihre Überzeugungskraft. Verhandeln und überzeugen gehören zusammen, sind aber nicht das Gleiche, wie viele Menschen annehmen. Anders ausgedrückt ergibt erst die Summe aus gutem Verhandeln und gutem Überzeugen einen Verhandlungserfolg.

BEISPIEL

> Nehmen wir an, Sie bewegen sich in einer Einigungszone zwischen 100.000 Euro, die Sie mindestens haben möchten, und 110.000 Euro, die Ihr Arbeitgeber maximal zahlen will.
>
> Wenn Sie sehr überzeugend sind, gelingt es Ihnen vielleicht, Ihren Chef dazu zu bringen, Ihr Gehalt von 110.000 Euro auf 120.000 Euro zu erhöhen. Das ist natürlich erfreulich, aber noch keine Garantie für einen guten Verhandlungsabschluss: Wenn Ihr Chef gut verhandelt, merkt er vielleicht, dass Sie auch mit 100.000 Euro zufrieden wären. Möglicherweise bietet er Ihnen als letztes Angebot 102.000 Euro an. Wenn Sie annehmen, haben Sie sehr gut überzeugt, aber sehr schlecht verhandelt: Sie haben die Einigungszone von 10.000 auf 20.000 Euro ausgeweitet durch Ihre Überzeugungskraft, durch Ihr schlechtes Verhandlungsverhalten aber nur 10 Prozent davon bekommen, während Ihr Chef 90 Prozent erzielt hat.
>
> Umgekehrt gilt natürlich auch, dass Sie selbst bei wenig überzeugendem Auftreten noch ein gutes Verhandlungsergebnis erreichen können: Gelingt es Ihnen nicht, Ihren Chef davon zu überzeugen, sein Budget über die 110.000 Euro hinaus zu erhöhen, merken Sie aber,

> dass 110.000 Euro möglich wären, haben Sie durchaus eine gute Chance, mit einer Forderung von 109.000 Euro durchzukommen – schlecht überzeugt, aber sehr gut verhandelt!

Selbstverständlich wäre es am besten, wenn Sie gut überzeugen *und* gut verhandeln. Sie fühlen sich jetzt etwas unter Druck gesetzt? Sehen Sie es positiv: Sie haben zwei Erfolgschancen – das gute Überzeugen *und* das gute Verhandeln.

Überzeugen mit der Macht der Psychologie

Doch wie schaffen Sie es, Ihren Chef davon zu überzeugen, dass Ihnen mehr Gehalt zusteht? Wie gelingt es generell, andere Menschen von etwas zu überzeugen? Dazu gibt es in der Literatur viele Hinweise, besonders eingängig und nützlich für einen schnellen Überblick sind sie von Robert Cialdini in seinem Buch »Die Psychologie des Überzeugens« beschrieben worden.

- **Reziprozität:** Menschen lassen sich leichter überzeugen, wenn wir ihnen etwas gegeben haben. Dann geben sie uns eher etwas zurück. Eine Gehaltserhöhung bekommen Sie eher, wenn Sie Ihrem Chef zuvor gezeigt haben, durch welche Leistungen Sie sie verdienen.
- **Konsistenz:** Menschen lassen sich leichter überzeugen, wenn sie schon einen Schritt in die gewünschte Richtung gemacht haben, weil sie konsistent sein möchten. Eine Gehaltserhöhung bekommen Sie leichter, wenn Ihr Chef zuvor anerkannt hat, dass Ihre Leistungen wertvoll waren.

- **Soziale Bewährtheit:** Menschen lassen sich eher von etwas überzeugen, das andere auch glauben. Eine Gehaltserhöhung bekommen Sie leichter, wenn Sie subtil vermitteln können, dass dies in ähnlichen Fällen auch geschieht. Aber Vorsicht: Dies darf nicht zu plump und offensichtlich sein!

- **Sympathie:** Menschen lassen sich leichter von anderen überzeugen, die sie sympathisch finden. Achten Sie deshalb in der Gehaltsverhandlung immer auch darauf, dass »die Chemie stimmt« (siehe hierzu auch das Kapitel »Der Sympathie-Faktor«).

- **Autorität:** Menschen lassen sich gerne von Autoritäten, bekannten Persönlichkeiten und anderen Vorbildern überzeugen. Es kann in der Gehaltsverhandlung helfen, wenn eine hochgestellte Persönlichkeit im eigenen Unternehmen oder eine externe Kapazität Ihre Leistungen gelobt hat.

- **Knappheit:** Menschen lassen sich leichter überzeugen, wenn sie eine Chance als einmalige Gelegenheit begreifen. In der Werbung wird besonders gern mit dieser Dynamik gearbeitet (»Nur noch 14 Tage mexikanische Wochen bei McDonald's!«). Es kann helfen, wenn Sie Ihrem Chef subtil das Gefühl vermitteln, dieses Gehaltsgespräch sei eine einmalige (letzte) Chance, Sie im Unternehmen zu halten, z. B., weil Sie demnächst eine Präsentation auf einem Kongress halten werden, die auch die Aufmerksamkeit der Konkurrenz auf sich zieht.

Überzeugende Körpersprache

Unsere Körpersprache ist ein mächtiges Instrument der Kommunikation. Unsere Mimik, Gestik und Haltung, allesamt Elemente der Körpersprache, tragen viel dazu bei, bei anderen einen bestimmten Eindruck zu hinterlassen. Das gilt auch, wenn wir überzeugend auf andere wirken wollen. Hier zählen nicht nur die Argumente, die wir vorbringen, sondern auch der Gesamteindruck, den wir bei unserem Vorgesetzten hinterlassen. Jedes noch so gute Argument für eine Gehaltserhöhung wird entkräftet, wenn wir es mit verlegenem Lächeln, unsicher in der Luft wedelnden Händen und einem unsteten Blick vortragen. Wer bei einer Verhandlung unsicher wirkt, wird Schwierigkeiten haben, mit seinen Forderungen beim Gegenüber durchzukommen.

Sicher und überzeugend aufzutreten, ist jedoch gar nicht so einfach, vor allem, wenn uns das Gesprächsthema an sich bereits unangenehm ist. Leichter wird es, wenn Sie sich die Prinzipien der Wirkung von Körpersprache vor Augen führen und ein paar Tipps dazu beherzigen.

Das Statusverhalten
Es gibt Menschen, die in uns das Gefühl auslösen, ihnen – völlig unabhängig von ihrer Position – unterlegen zu sein. Andere erzeugen in uns das Gefühl, ihnen überlegen zu sein, und zwar meist bereits auf den ersten Blick. Bei wieder anderen haben wir den Eindruck, ihnen auf Augenhöhe zu begegnen. Eine sehr

überzeugende Theorie, die die Ursachen für dieses Phänomen erklärt, ist das sog. Statusspiel. Keith Johnstone, ein Dramaturg und der Begründer des Improvisationstheaters, fand in seinen Beobachtungen heraus, dass ein solches Spiel innerhalb weniger Sekunden automatisch zwischen Menschen abläuft. In dieser Zeit entscheidet sich, wer in der Begegnung einen sog. Hochstatus und wer einen Tiefstatus einnimmt oder ob sich beide Gesprächspartner im Gleichstatus gegenüberstehen.

Das Statusspiel lässt sich mit einer Wippe vergleichen: Steigen wir in unserem Status, sinkt der andere – und umgekehrt. Wer im Hochstatus ist, vermittelt anderen seine Überlegenheit. Im Tiefstatus ist das Gegenteil der Fall: der Betreffende schaut quasi zum anderen empor. Befinden sich beide Gesprächspartner im Gleichstatus, gibt es kein Ungleichgewicht. Sie stehen sich dann gleichberechtigt gegenüber. Der Status in diesem Sinne hat nichts mit der Position zu tun, die wir im Berufsleben innehaben. So kann auch ein Vorgesetzter im Tiefstatus sein, während sein Mitarbeiter im Hochstatus ist.

Wie wir Status vermitteln

Wir vermitteln diese unterschiedlichen Status einerseits mit unseren Worten, andererseits mit unserer Gestik, Mimik und unserer Haltung. Unser Status kann sich während eines Gesprächs bzw. der Verhandlung ändern.

Wer um die Signale weiß, kann in der Verhandlung darauf achten und sein Statusverhalten variieren. Dabei kommt es immer auf die Situation an. Wenn Sie die Argumente vortragen, die für Ihre Gehaltserhöhung sprechen, ist es sicherlich gut, im Hochstatus bzw. im Gleichstatus zu sein, sich also nicht kleinzumachen, sondern sich selbstbewusst und stark zu zeigen. Aus taktischen Gründen kann es sicherlich auch ab und zu ganz gut sein, sich kurz in den Tiefstatus zu begeben.

Statusspiel: Signale

Wer im Hochstatus ist, sendet folgende Signale:

- fester Blick
- sicherer Gang
- aufrechte, gerade Körperhaltung
- laute Stimme
- ausladende Bewegungen
- raumgreifende Sitzhaltung
- berührt den anderen ungefragt (z. B. Schulterklopfen)
- ergreift das Wort
- bestimmt das Gesprächsthema
- spricht klare und entschiedene Worte

Wer im Tiefstatus ist, sendet folgende Signale:

- unsteter, ausweichender Blick
- macht sich klein: gebeugte Körperhaltung und gedrungene Sitzhaltung
- leise Stimme
- verhaltene Bewegungen
- weicht dem anderen aus
- keine Gesprächsinitiative
- viele Füllworte wie »ähm« oder Weichmacher wie »eigentlich«, »ein bisschen«, »etwas«

Das Statusverhalten ist nur ein Teil dessen, was den gesamten Status eines Menschen ausmacht, der für andere wahrnehmbar ist. Daneben gibt es noch die Position, den Einfluss und den Selbstwert einer Person. Sie bestimmen allesamt darüber, wie überzeugend jemand wahrgenommen wird.

Statusspiele lassen sich trainieren. Ein erster Schritt ist es, sich des eigenen Statusverhaltens bewusst zu werden.

> **Übung: Reflexion Ihres Statusverhaltens**
>
> Lassen Sie sich von einem Ihnen vertrauten Kollegen in einem Meeting beobachten und reflektieren Sie dann gemeinsam seine Beobachtungen: Sind Sie oben auf der Statuswippe oder unten? Oder nehmen Sie je nach Gesprächspartner, z. B. gegenüber Ihrem Chef, unterschiedliche Positionen ein? Und durch welche Signale wird Ihr jeweiliger Status deutlich?

Guter Spieler – guter Verhandler?

Die Spieltheorie ist in der Wissenschaft momentan sehr en vogue, wie man etwa an der Vergabe der Wirtschafts-Nobelpreise sieht. Viele Begriffe, wie z. B. Gefangenendilemma, Winwin, stammen ursprünglich aus dieser Theorie. Das kommt daher, dass man Verhandlungen besonders gut als ein »Spiel« analysieren kann mit festen Regeln und mehr oder weniger erfolgreichen Strategien, um es zu gewinnen.

So ist auch das im Kapitel »Intelligent kooperieren« beschriebene Kartenspiel ein besonders anschauliches Abbild vieler realer

Verhandlungen. Auch wenn in einer Verhandlung im Gegensatz zum Kartenspiel gesprochen werden darf und auch sonst nicht alles hundertprozentig darauf zu übertragen ist, erkennt man doch viele positive und negative Aspekte wieder, z. B. den Verlust des Vertrauens durch das Spielen schwarzer Karten, die oft enttäuschte Hoffnung, aggressive Verhandlungspartner durch Kooperation zu besänftigen, aber auch die Belohnung wechselseitiger Kooperation oder die Auflösung kritischer Situationen durch geschickt eingesetzte rote Karten.

Frauen: Gewinner im Spiel, Verlierer in Gehaltsverhandlungen?

Ein auffälliges Ergebnis des beschriebenen Kartenspiels in meinen Trainings ist, dass Frauen durchschnittlich um ca. 20 % besser abschneiden als Männer. Auf der Suche nach Erklärungen dafür kommt man an einer These nicht vorbei, die wie ein Klischee klingt, jedoch von der Erfahrung (zumindest in meinen Veranstaltungen) bestätigt wird: Frauen verhandeln kooperativer! Im Kartenspiel bedeutet dies, dass sie signifikant mehr rote Karten spielen, was ja auch prinzipiell sinnvoll ist und zu Mehrwert in der Verhandlung führt – insbesondere dann, wenn im Spiel oder eben in der realen Verhandlung weitere kooperative Akteure beteiligt sind.

> Natürlich gibt es auch Ausnahmen, wie seinerzeit Margaret Thatcher, die bekannt war für ihren extrem harten Verhandlungsstil.

In einer Gehaltsverhandlung kann sich dieser Effekt jedoch auch nachteilig auswirken und in einer Ausnutzungssituation wie beim Gefangendilemma enden. Das ist häufiger bei Frauen, jedoch auch bei vielen Männern zu beobachten. Sie fühlen sich unwohl dabei, als Anker (siehe dazu das Kapitel »Sie oder Ihr Chef: Wer soll das Startangebot machen?«) eine optimistische, aber realistische Forderung in den Raum zu stellen, also quasi eine schwarze Karte zu spielen – was übrigens eine der Hauptursachen ist, warum viele Menschen nicht gerne Gehaltsverhandlungen führen. Das ermutigt möglicherweise die Gegenseite, genau dies zu tun, was wiederum mit unangenehmen Folgen für den Arbeitnehmer verbunden ist, weil er oder sie jetzt in der Defensive ist. Der Psychologe Lawrence Kohlberg nennt diese Haltung sehr treffend »Braves-Mädchen-/Braver Junge-Perspektive«.

Dabei ist diese Perspektive, entgegen einer verbreiteten Annahme, nicht unbedingt förderlich für die Stimmung zwischen den Verhandlungspartnern. Paradoxerweise kann eine selbstbewusst, aber freundlich vorgetragene Forderung sogar besser für die Verhandlungsatmosphäre sein als eine passive Strategie. Empathie und Selbstbewusstsein sind keine Gegensätze. Sie können gleichzeitig vorhanden oder nicht vorhanden sein. Auch das Harvard-Konzept empfiehlt als einen Hauptgrundsatz in Verhandlungen: Weich gegenüber dem Menschen, aber hart in der Sache! Das Gegenteil wäre sehr schlecht, wie der folgende Satz verdeutlicht: »Ich geben Ihnen eine Riesenkonzession, Sie Idiot!«

Auf einen Blick: Die Erfolgsfaktoren

- Wer in eine Verhandlung geht, sollte zuvor immer seine BATNA in Erfahrung gebracht haben. Sie ist die beste Alternative, die Sie haben, wenn die Gehaltsverhandlung scheitert. Auf ein Ergebnis, das unter der BATNA liegt, sollten Sie sich nicht einlassen.
- Natürlich will sich jeder ein möglichst großes Stück vom Verhandlungskuchen sichern. Noch viel besser ist es jedoch, wenn man den Kuchen vergrößert, sodass beide Parteien mehr bekommen. Das gelingt mit sog. Win-win-Kreativität, die auf dem Harvard-Konzept basiert.
- Wer zu kooperativ und ehrlich in Verhandlungen ist, läuft Gefahr, von der Gegenseite ausgenutzt zu werden. Eine gute Balance zwischen Kooperation und Verhandlungstaktik gelingt mit der Tit-for-Tat-Strategie, die das eigene Verhalten davon abhängig macht, wie kooperativ die Gegenseite ist.
- Natürlich »menschelt« es auch in Verhandlungen. Je sympathischer wir jemanden finden, desto eher sind wir zu Zugeständnissen bereit. An diesem Sympathie-Faktor lässt sich ganz bewusst arbeiten, so z. B. durch Techniken wie das Aktive Zuhören oder das sog. Mirroring.
- Überzeugungskraft spielt für den Verhandlungserfolg eine große Rolle. Mit der richtigen Körpersprache und ein paar psychologischen Tricks können wir sie optimieren.

Richtig vorbereitet in die Verhandlung

Die Vorbereitung ist ein sehr wichtiger Teil Ihrer Gehaltsverhandlung, in manchen Fällen sogar der wichtigste. Je besser Sie sich vorbereiten, desto größer sind Ihre Erfolgschancen.

In diesem Kapitel erfahren Sie u. a.,

- wie Sie Ihr Minimal- und Ihr Maximalziel festlegen,
- wie Sie mehr über die Interessen Ihres Chefs herausfinden,
- welche Verhandlungstypen es gibt und wie Sie sich auf sie einstellen.

Ihr Ziel: Was wollen Sie?

Bei Gehaltsverhandlungen ist es wie bei anderen Projekten im Beruf auch: Ohne ein konkretes Ziel vor Augen zu haben, wissen wir nicht, in welche Richtung es gehen soll. Die erste Frage, die Sie sich in der Vorbereitung auf die Verhandlung stellen sollten, ist daher: Was wollen Sie? Dafür müssen Sie quasi zunächst mit sich selbst verhandeln.

Geld ist nicht alles

Natürlich wollen Sie möglichst viel Grundgehalt, nach dem Motto: Geld ist nicht alles, aber ohne Geld ist alles nichts! Diesen durchaus berechtigten Satz könnten wir aber auch umdrehen: Ohne Geld ist alles nichts, aber Geld ist nicht alles! Es ist zur Identifizierung von Win-win-Potenzial sehr wichtig (siehe hierzu das Kapitel »Win-win-Kreativität«), dass wir weitere Themen außer dem Geld identifizieren, die wir in die Verhandlung einbringen können. Denn darüber lassen sich häufig besonders leichte und schöne Erfolge erreichen.

Solche Extrathemen können z. B. die folgenden sein (Friedrichsen, 20 f. u. a.):

- 13. bzw. 14. Monatsgehalt,
- Prämien und Provisionen,
- Tantiemen und sonstige Erfolgsbeteiligungen,
- Aktienoptionen,

- Mitarbeiterrabatte,
- betriebliche Altersversorgung,
- Job-Ticket bzw. BahnCard,
- Kinderbetreuung,
- kostengünstige Verpflegung,
- Arbeitsmittel wie Notebook und Smartphone,
- Dienstwagen,
- vermögenswirksame Leistungen,
- Zuschläge für Reisen,
- Überstundenvergütung,
- Übernahme von Weiterbildungs- und Fortbildungskosten,
- Incentives, z. B. Outdoor-Seminare,
- flexible Arbeitszeit, gegebenenfalls Reduzierungsmöglichkeiten,
- Einsatzort.

BEISPIEL

> Stellen Sie sich vor, Sie wollen Ihre Arbeitszeit reduzieren, um mehr Zeit für die Familie zu haben. Jetzt können Sie über über zwei Themen verhandeln: mehr Geld und mehr Zeit. Dies bietet Win-win-Potenzial ähnlich dem im Kapitel »Win-win-Kreativität« beschriebenen Beispiel zu den Einsatzorten Berlin und München.

Welches Thema ist für Sie wichtiger?

Haben Sie mehrere Wünsche, gilt es herauszufinden, welcher davon für Sie wichtiger ist. Stellen Sie sich folgende Frage: Welcher Deal würde Ihnen besser gefallen? Hören Sie dabei auf Ihren Bauch. Was würden Sie spontan darauf antworten?

BEISPIEL

> Welcher Deal gefällt Ihnen besser: 20 Prozent mehr Lohn bei gleicher Arbeitszeit oder 20 Prozent weniger Arbeitszeit bei gleichem Lohn? Wenn Sie aus dem Bauch heraus ganz spontan sagen: »Die zweite Lösung ist besser!«, dann wissen Sie, dass der Faktor Zeit für Sie wichtiger ist als der Faktor Geld. Falls die Gegenseite in der Verhandlung eine andere Bewertung vornimmt, ergibt sich das Win-win-Potenzial ähnlich wie im Orangen-Beispiel durch die unterschiedliche Bewertung von Frucht und Schale (siehe hierzu näher das Kapitel »Win-win-Kreativität«).

Für Verhandlungen ist es sehr hilfreich, zwei Deals zu finden, die Ihnen gleich viel wert sind. Wenn Sie beispielsweise sagen, 10 Prozent mehr Gehalt bei gleicher Arbeitszeit wären genauso gut wie 5 Prozent weniger Arbeitszeit bei gleichem Gehalt, dann wissen Sie, dass Ihnen die Zeit doppelt so wichtig ist wie das Geld. Das ist eine für die Analyse und Taktik in der Verhandlung sehr wichtige Erkenntnis.

Um Ihr Ziel zu visualisieren, erstellen Sie am besten eine Vorbereitungsmatrix. Unausgefüllt sähe diese Tabelle wie folgt aus, wobei natürlich Ihr Teil der leichtere und die Schätzungen über die Gegenseite sehr anspruchsvoll, gleichzeitig jedoch sehr wertvoll sind. Mut zur Schätzung zahlt sich aus!

	Parteien		
Mögliche Ergebnisse	1	2	**Win-win**
BATNA (Wert)			
Ergebnis 1[1]			
Ergebnis 2[1]			
Ergebnis n[1]			

[1] bezogen auf die BATNA

Ihr Minimal- und Ihr Maximalziel

Das wichtigste Ergebnis Ihrer Vorbereitung ist die Formulierung von zwei Zielen:

- einem Minimalziel (beste Alternative), das Sie im Kopf behalten, aber nicht erwähnen, um nicht im Verhandlungsdilemma ausgenutzt zu werden. Das Minimalziel wird durch die beste Alternative bestimmt und von Ihnen entsprechend festgelegt: Sie wollen mindestens so viel verdienen, wie es bei einem vergleichbaren anderen Unternehmen möglich wäre.

- einem Maximalziel – also Ihre optimistischste realistische Annahme über die Einigungszone, mit der Sie in die Verhandlung starten werden –, das neben dem Grundgehalt auch die angesprochenen wichtigen Extraleistungen einschließt. Hierzu gilt es zunächst möglichst genau herauszufinden, was Ihr Chef will. Sie können maximal so viel erreichen, wie es die Schmerzgrenze der Gegenseite zulässt.

Was will Ihr Chef?

Sie sollten sich in der Vorbereitung der Verhandlung nicht nur mit Ihren Interessen, sondern ebenso mit der Perspektive Ihres Chefs beschäftigen. Auch hier gilt der Grundsatz: Geld ist nicht alles. Neben dem Gehalt können bei Ihrem Vorgesetzten auch andere Themen eine Rolle spielen.

Eventuell spart er sogar, indem er Ihr Gehalt erhöht, und zwar die Kosten für eine neue Stellenausschreibung, die Zeit für die Bearbeitung von Bewerbungen, mögliche Ausgaben für Headhunter oder Personalagenturen, Zeit und Kosten für die Einarbeitung neuer Mitarbeiter und deren Fortbildung, für erhöhten Kontrollaufwand, mögliche Anpassungsschwierigkeiten und so weiter (Wehrle, 21 f.).

Wenn Ihr Chef mit Ihnen zufrieden ist und Ihre Arbeit schätzt, ist es durchaus möglich, dass er gewillt ist, Ihnen eine angemessene Gehaltserhöhung zu geben. Sind ihm vom Management die Hände gebunden, kann ihm die Ablehnung Ihres Wunsches ebenso unangenehm sein wie Ihnen die Forderung.

Welchen Marktwert haben Sie?

Für Ihren Chef ist Ihr Marktwert wichtig (beste Alternative). Zu dessen Ermittlung gibt es mehrere gute und relativ einfache Möglichkeiten. Einige nützliche Adressen, die Ihnen dabei helfen herauszufinden, welches Gehalt in Ihrer Branche und Position angemessen ist, sind (Hesse/Schrader, 30):

- www.gehalt.de,
- www.berufsstrategie.de,
- die Websites der führenden überregionalen Tageszeitungen, so z.B. Süddeutsche Zeitung, Frankfurter Allgemeine Zeitung, Die Welt,
- die vom Statistischen Bundesamt in Wiesbaden genannten Durchschnittslöhne und Gehälter in verschiedenen Branchen: www.destatis.de.

Helfen kann auch der Betriebsrat Ihres Unternehmens, sofern es einen gibt.

Verhandlungstypen: Wie tickt die Gegenseite und wie ticken Sie?

Ein wichtiger Aspekt, auf den Sie sich vorbereiten sollten, ist die Frage, welcher Typ Ihr Verhandlungspartner ist. Bei Gehaltsverhandlungen wissen Sie ja, im Vergleich zu vielen anderen Verhandlungssituationen, wer Ihnen gegenübersitzen wird. Diese Tatsache sollten Sie zu Ihrem Vorteil nutzen.

Bereits im antiken Griechenland nahm man zur besseren Charakterisierung der Persönlichkeit von Menschen eine Einteilung in Typen vor. Ausgehend von der unterschiedlichen Ausprägung des Temperaments wurden dort vier unterschiedliche Typen beschrieben:

- der Choleriker als der Reizbare und leicht Erregbare,
- der Sanguiniker als der Heitere und Aktive,
- der Phlegmatiker als der Passive und Schwerfällige,
- der Melancholiker als der Traurige und Nachdenkliche.

Heutzutage gibt es darüber hinaus unzählige mehr oder weniger ähnliche Modelle, so z. B.

- Persönlichkeitsmodelle wie z. B. das DISG-Modell mit dominanten, initiativen, stetigen und gewissenhaften Typen,
- aus der Psychiatrie entlehnte Modelle, die z. B. zwischen narzisstischen, zwanghaften, depressiven, hysterischen und schizoiden Persönlichkeiten (Hesse/Schrader, 117 ff.) unterscheiden,
- verschiedene Cheftypisierungen, wie z. B. Jammerer, Vertröster, Aggressive, Listige, Lober, Geizige und Kumpeltypen (Wehrle, 164 ff.).

Für jedes dieser Modelle existieren detaillierte Empfehlungen, wie mit den jeweiligen Typen umzugehen ist.

Die wichtigste Typisierung für Verhandlungen im Allgemeinen und Gehaltsverhandlungen im Besonderen ist jedoch die Unterscheidung zwischen harten und weichen Verhandlern. Die folgende Übersicht hilft Ihnen dabei, Ihren Chef und sich selbst besser einzuschätzen. Sie erläutert zugleich die Grundideen des Harvard-Konzepts (»Principled Negotiation«) als Ansatz zwischen dem harten und dem weichen Stil (Fisher/Ury, 13).

Weiche Verhandler

Weiche Verhandler zeichnen sich durch folgende Aspekte und Einstellungen aus.

- Die Beteiligten sind Freunde.
- Ihr Ziel ist es, eine Einigung zu erzielen.
- Sie machen Zugeständnisse, um die Beziehungen zu verbessern.
- Sie verhandeln weich gegenüber den Menschen und weich in der Sache.
- Sie vertrauen den anderen.
- Sie sind bereit, ihre Positionen anzupassen.
- Sie machen Angebote.
- Sie akzeptieren einseitige Verluste, um eine Einigung zu erzielen.
- Sie suchen die eine Lösung, die die anderen akzeptieren werden.
- Sie bestehen auf einer Einigung.
- Sie versuchen, einen Willenskampf zu vermeiden.
- Sie geben nach, wenn der andere zu viel Druck macht.

Harte Verhandler

Harte Verhandler zeichnen sich durch folgende Aspekte und Einstellungen aus.

- Die Beteiligten sind Gegner.
- Ihr Ziel ist es, einen Sieg zu erringen.
- Sie fordern Zugeständnisse vom anderen als Vorbedingung für eine gute Beziehung.
- Sie verhandeln hart gegenüber den Menschen und hart in der Sache.
- Sie misstrauen den anderen.
- Sie beharren auf ihren Positionen.
- Sie sprechen Drohungen aus.
- Sie fordern einseitige Gewinne als Preis für eine Einigung.
- Sie suchen die eine Lösung, die sie akzeptieren können.
- Sie versuchen, einen Willenskampf zu gewinnen.
- Sie setzen ihr Gegenüber unter Druck, bis es nachgibt.

Orientiert am Harvard-Konzept: prinzipenorientierte Verhandler

Es gibt noch eine dritte Typologisierung: die sog. prinzipienorientierten Verhandler, die das Harvard-Konzept verinnerlicht haben. Treffen Sie auf einen solchen Chef, wird sein Fokus auf einer Win-win-Situation liegen. Prinzipienorientierte Verhandler richten sich nach folgenden Grundsätzen.

- Die Beteiligten sind Problemlöser.
- Das Ziel ist ein weises Ergebnis, effizient und freundlich erreicht.
- Sie trennen Mensch und Sache.
- Sie verhandeln weich gegenüber den Menschen und hart in der Sache.
- Sie agieren unabhängig von Vertrauen.
- Sie konzentrieren sich auf Interessen statt auf Positionen.
- Sie untersuchen Interessen.
- Sie erfinden Optionen für gegenseitigen Gewinn.
- Sie entwickeln verschiedene Optionen und entscheiden später.
- Sie bestehen auf objektiven Kriterien.
- Sie versuchen, ein willensunabhängiges Ergebnis zu erzielen.
- Sie argumentieren und sind offen für Argumente.
- Sie üben keinen Druck aus.

Diese Übersicht zeigt, dass die Prinzipien des Harvard-Konzepts quasi entstanden sind aus dem Versuch einer Synthese zwischen weichen und harten Verhandlungsstilen.

Verhandlungstypen im Überblick		
Weich	Hart	Harvard
Sind bereit, ihre Positionen anzupassen.	Bestehen auf ihren Positionen.	Konzentrieren sich auf Interessen statt auf Positionen (Warum-Frage).
- Machen Zugeständnisse, um die Beziehungen zu verbessern. - Verhandeln weich gegenüber den Menschen und weich in der Sache.	- Fordern Zugeständnisse als Vorbedingung für eine gute Beziehung. - Verhandeln hart gegenüber den Menschen und hart in der Sache.	- Trennen Mensch und Sache. - Verhandeln weich gegenüber den Menschen und hart in der Sache.
Akzeptieren einseitige Verluste, um eine Einigung zu erzielen.	Fordern einseitige Gewinne als Preis für eine Einigung.	Erfinden Optionen für gegenseitigen Gewinn.
Bestehen auf einer Einigung.	Bestehen auf ihren Positionen	Bestehen auf objektiven Kriterien.

Strategien für den Umgang mit den Verhandlungstypen

Das Harvard-Konzept des prinzipienorientierten Verhandelns von Fisher und Ury ist einer der einflussreichsten Ansätze in der gegenwärtigen Verhandlungstheorie. Er ist auf viel Zustimmung, aber auch auf einige Kritik gestoßen. Die meisten Kritiker des Ansatzes sind sich darin einig, dass das prinzipienorientierte Verhandeln ein zu weicher Verhandlungsstil ist, wenn man ihn konsequent anwendet.

Die Stärke des Konzepts, der Fokus auf der Vergrößerung des Kuchens, wird von einigen Kritikern gerade als Schwäche gesehen, weil dieser Fokus auf Kosten des fast totalen Ausschlusses der anderen Verhandlungsdimension, der Aufteilung des Kuchens, geht. In meinem Aufsatz zum Thema »Ist das Harvard-Konzept zu weich?« (siehe hierzu Literatur) zeige ich jedoch, dass sich diese teilweise berechtigten Argumente leicht integrieren lassen zu modernen Varianten des Harvard-Konzepts, wie der hier vorgestellten NQ®-Methode.

Wenn man den synthetischen Ansatz des Harvard-Konzepts einen Moment außer Acht lässt und sich fragt, wie reine weiche und harte Strategien im direkten Vergleich abschneiden, so kommt man zu folgenden Ergebnissen:

- Hart gewinnt gegen Weich, weil alle Forderungen im Interesse einer Einigung von Weich erfüllt werden.
- Hart und Hart können sich nicht einigen, weil niemand nachgeben will, es bleibt gegebenenfalls Wert auf dem Tisch liegen.
- Weich und Weich kommen zu einem für beide Parteien guten Ergebnis, weil sie jeweils die Interessen der anderen Seite berücksichtigen.

Wer die weiche Strategie verfolgt, ist gefährdet, ausgebeutet zu werden, während die harte Strategie mit ihrem Konfrontationskurs das Risiko birgt, letztlich gar kein Ergebnis zu produzieren. Andererseits fahren diejenigen, die eine harte Linie einhalten, oft besser als die Anhänger der weichen Strategie, wie Studien an der Leuphana Universität Lüneburg und an der Wilhelms-Universität Münster ergeben haben. Das gilt zumindest, wenn der Verhandlungspartner ein Mann ist. Bei Frauen kommt man mit dem weichen Verhandlungsstil eher zu guten Verhandlungsergebnissen.

In langfristigen Beziehungen, die auf Kooperation angewiesen sind, wie vor allem in Arbeitsbeziehungen, dürfte es jedoch, unabhängig davon, ob das Gegenüber eine Frau oder ein Mann ist, generell keine gute Idee sein, in einer Verhandlung um jeden Preis hart und unnachgiebig zu bleiben. Man hinterlässt sonst »verbrannte Erde« und riskiert, das Arbeitsverhältnis damit nachhaltig zu schädigen.

Alles eine Frage der richtigen Kombination

Doch was tun? Soll man nun hart oder weich verhandeln? Wie so oft, ist es auch hier nicht eine Frage von Schwarz oder Weiß. Es gilt, eine Strategie zu wählen, die die weichen und harten Verhaltensweisen geschickt als taktische Elemente nutzt.

So kann das prinzipienorientierte Verhandeln, das in seinem Ansatz tatsächlich zu weich ist, durch Elemente aus der Tit-for-Tat-Strategie »gehärtet« werden. Das gelingt mit den folgenden Taktiken, die den unterschiedlichen Verhandlungstypen Rechnung tragen.

- **Ihr Chef ist hart, Sie sind weich:** Lassen Sie sich nicht ausnutzen. Seien Sie nicht zu ehrlich, wenden Sie die Tit-for-Tat-

Strategie an, ohne dabei Ihrem präferierten Stil untreu zu werden (siehe hierzu näher das Kapitel »Intelligent kooperieren«). Spielen Sie eine Variante der Tit-for-Tat-Strategie, indem Sie kleine Kooperationen anbieten und auf positive Reaktionen dosiert positiv sowie auf negative Reaktionen dosiert negativ reagieren. Scheuen Sie sich aber auch nicht, zwischendurch einmal eine kleine schwarze Karte einzustreuen und deren Wirkung auf die Gesamtsituation zu analysieren: Die Karte, welche Sie mehr vorwärtsbringt, sollte in den folgenden Zügen häufiger gespielt werden.

Diese Strategie empfiehlt sich immer, wenn Sie es mit harten Verhandlern zu tun haben, auch unabhängig von Gehaltsverhandlungen. In der politischen Arena ist sie z.B. für die Trumps, Putins und Erdogans dieser Welt sehr angemessen.

- **Ihr Chef ist hart, Sie sind hart:** Achten Sie darauf, dass Sie sich im Verhandlungsdilemma nicht zu sehr gegenseitig für Ihre Nicht-Kooperation bestrafen. Das könnte nämlich zur Eskalation führen. Reagieren Sie gut dosiert nach der Tit-for-Tat-Strategie, indem Sie kleine Kooperationen anbieten und auf positive Reaktionen positiv sowie auf negative Reaktionen gemäßigt negativ reagieren.

- **Ihr Chef ist weich, Sie sind hart:** Das ist natürlich eine günstige Ausgangssituation, die Sie begrenzt ausnutzen können. Übertreiben Sie es jedoch nicht, um den Stil der Gegenseite nicht zu verändern oder ungünstige Langzeitwirkungen zu erzielen.

- **Ihr Chef ist weich, Sie sind weich:** Nutzen Sie die dadurch entstehende positive Atmosphäre, denken Sie aber trotzdem an das Verhandlungsdilemma und an die taktischen und ethischen Implikationen daraus. Es ist nicht verboten, etwas mehr als die Gegenseite von dieser günstigen Ausgangslage zu profitieren, aber es ist auch nicht verboten, die Interessen anderer zu berücksichtigen.

Den »idealen« Typ gibt es nicht. Man kann nicht sagen: je härter, desto besser, oder je balancierter, desto besser. Es kommt vielmehr darauf an, dass Sie für sich einen Stil finden, der einerseits subjektiv zu Ihnen passt und authentisch wirkt und mit dem Sie andererseits objektiv in der Lage sind, sich der jeweiligen Situation anzupassen.

Falls Ihnen Ihr eigener Stil zu weich erscheint, muss das kein Nachteil sein, wenn Sie dessen typische Schwachstellen vermeiden, wie z.B. unnötig große Konzessionen der Atmosphäre zuliebe ohne die Forderung nach einer Gegenkonzession. Die Ergebnisse aus vielen sog. Verhandlungswettbewerben, die ich für Unternehmen durchgeführt habe, zeigen sogar, dass gute weiche Verhandler überdurchschnittlich gut abschneiden, weil sie Mehrwert schaffen, ohne sich ausnutzen zu lassen. Harte Verhandler machen demgegenüber oft den typischen Fehler, ihre Position zu überreizen. Sie riskieren damit ein Scheitern der Verhandlung, anstatt ihren guten Gewinn zu sichern. Die Folge davon ist oft, dass sie kein oder ein (Pareto-) ineffizientes Ergebnis erreichen. Wenn die andere Seite es zulässt, kann man sogar mit guten Gründen extrem weich verhandeln – bis hin zum sog. post-konventionellen Verhandeln oder dem Verhandeln 9.0. Ein Plädoyer für das weiche Verhandeln findet sich in den Artikeln von Tina Groll über meinen Ansatz auf ZEIT online (siehe hierzu Literatur).

Üben, üben, üben

Sie können sich selbst coachen, indem Sie anhand von Verhandlungssimulationen trainieren und die einzelnen Züge Ihrer Verhandlung protokollieren und analysieren. Ich empfehle in meinen Seminaren dafür ein aus der Schachnotation abgeleitetes System, denn Schach und Verhandlungen haben viele Gemeinsamkeiten: Man kann jeden Zug einzeln als gut, problematisch oder zweischneidig analysieren und ihn auf die Gesamtstrategie beziehen (mehr dazu im Glossar → Schachprotokolle in Verhandlungen):

- ! bezeichnet dabei einen guten Zug,
- ? einen schlechten Zug und
- !? einen Zug mit Vor- und Nachteilen.

In einer simulierten Verhandlung können Sie den Ablauf durchgehen, Fehler erkennen, um sie in der echten Verhandlung zu vermeiden, und sehen, welche Techniken schon so gut funktionieren, dass Sie sie auf jeden Fall auch bei Ihrem Chef anwenden sollten. Ein Beispiel für diese Methode finden Sie auf www.top-ten-negotiator.com/tassenverhandlung.htm.

Geht es um viel Geld, kann sich auch die Hilfe eines Coaches bezahlt machen (Wehrle, 78 f.). Mit diesem Profi als Sparringspartner können Sie das Gespräch simulieren und dementsprechend gut vorbereiten. Eine solche professionelle Begleitung bietet viele Vorteile:

- Sie vermeidet Betriebsblindheit.
- Sie können von der Erfahrung eines guten Coaches profitieren.
- Er hilft Ihnen über Hürden hinweg, die zwischen Ihnen und Ihrem Ziel stehen.

Eine gute innere Haltung

Vielleicht am wichtigsten bei Ihrer Vorbereitung auf die Verhandlung ist das Justieren Ihrer inneren Haltung und Einstellung. Machen Sie sich bewusst: Sie sind kein Bittsteller! Ihnen steht, wie jedem anderen Arbeitnehmer auch, in regelmäßigen Abständen eine Gehaltserhöhung zu, und, wenn Sie überdurchschnittlich gute Leistungen erbracht haben, auch ein überdurchschnittlich hohes Gehalt.

Machen Sie sich klar, dass Ihr Chef in der anstehenden Gehaltsverhandlung nicht nur Ihr Gegner ist, sondern auch Ihr Partner, wenn es darum geht, den Kuchen zum Vorteil beider Verhandlungsparteien zu vergrößern. Es gilt, eine Lösung zu finden, die für Sie beide besser ist als die Situation vorher: eine Win-win-Situation.

Mit dieser inneren Win-win-Haltung können Sie sich reinen Gewissens sagen: Gute Verhandler sind nicht notwendigerweise schlechte Menschen, die andere nur über den Tisch ziehen wollen. Im Gegenteil: Verhandlungen sind eine Chance, gemeinsam Mehrwert gegenüber den jeweiligen Alternativen zu schaffen. Fühlt sich diese Haltung nicht besser an, als mit Magenschmerzen aus der Perspektive eines Bittstellers kaum zu wagen, nach mehr Gehalt zu fragen?

Der richtige Zeitpunkt

Es gibt für alles im Leben gute oder schlechte Zeitpunkte. Das gilt auch für Verhandlungen mit dem Chef. Nicht jede Phase im Job bietet sich an, über Geld zu reden. Sie sollten also genau überlegen, wann der richtige Zeitpunkt dafür gekommen ist.

Schlechte Zeitpunkte sind die folgenden (Friedrichsen, 90 ff.):

- nach dem eigenen Urlaub oder dem des Chefs, weil Ihre Leistungen dann weniger präsent sind,
- kurz vor dem eigenen Urlaub,
- in Zeiten mit erhöhtem Arbeitsaufkommen wie z. B. während des Jahresabschlusses, Messen oder zu saisonalen Höhepunkten,
- zwischen Tür und Angel,
- am Abend in der Kneipe, wenn gerade viele Kollegen entlassen werden,

- nachdem es Beschwerden über Sie gab,
- wenn ein Erfolg von Ihnen schon längere Zeit zurückliegt.

Gute Zeitpunkte für Gehaltsverhandlungen sind die folgenden:

- kurz nach einem Erfolg, z. B. nach dem erfolgreichen Abschluss eines größeren Projekts,
- im Zusammenhang mit anstehenden Beförderungen,
- in turnusgemäßen Zielvereinbarungsgesprächen,
- dienstags bis donnerstags: keine schlechte Montagsstimmung und keine Eile, ins Wochenende zu kommen,
- am späten Morgen, weil dann die Leistungskurve des Biorhythmus oben ist.

> Wenn Sie von Ihrem Chef einen Termin für ein Gehaltsverhandlungsgespräch bekommen haben, ist der erste Verhandlungserfolg bereits erreicht.

Auf einen Blick: Richtig vorbereitet in die Verhandlung

- Wer in eine Verhandlung geht, sollte sein Minimalziel kennen und möglichst auch wissen, zu welchen Konzessionen die Gegenseite bereit ist.
- Geld ist nicht alles. Vergrößern Sie den Verhandlungskuchen um Nebenthemen, wie z. B. Sachleistungen oder Arbeitszeitreduzierungen.
- Verhandlungsprofis bereiten sich auf Ihr Gegenüber vor. Wenn Sie wissen, welcher Verhandlungstyp Ihr Chef ist, können Sie Ihre Verhandlungsstrategie danach ausrichten.

In der Gehaltsverhandlung

Wie ein guter Deutschaufsatz, eine Schachpartie oder in der klassischen Musik eine Sonate, gliedert sich auch die Gehaltsverhandlung in drei Teile:

- in die Eröffnung, die entscheidend für die Verhandlungsatmosphäre ist,
- den Hauptteil, dem Herzstück der Verhandlung, und
- den Abschluss, in dem Sie Ihren Konsens festhalten.

Die Eröffnung

In der Einleitung oder Eröffnung der Gehaltsverhandlung sollte es Ihr Ziel sein, eine positive Atmosphäre herzustellen, sich zu positionieren und die gegenseitigen Erwartungen abzustimmen.

Ein leichter Einstieg lässt sich mit freundlichen Small Talk finden. Freundlichkeit ist die billigste Konzession in der Verhandlung. Sie können zunächst über das Wetter, die Anreise oder über gemeinsame (z. B. sportliche) Interessen sprechen. Wichtig ist, dass Sie wie in der Tit-for-Tat-Strategie mit einer »roten« Karte beginnen. Ihr erster Zug sollte also ein kooperativer sein, um eine positive Dynamik, ein positives Momentum in Gang zu setzen, weil der erste Eindruck besonders stark zählt (sog. Primacy-Effekt). Für Ihr erstes Statement gibt es mehrere Möglichkeiten:

- Zielaussage: »Ich möchte gerne einmal mit Ihnen über meine berufliche Gesamtsituation sprechen« (nicht: »Chef, ich will mehr Geld!«).
- Nutzenaussage für die Gegenseite: »Ich glaube, dass ich Ihnen einen guten Vorschlag für meine Arbeitsorganisation machen kann.« Zeigen Sie damit, was für die andere Seite drin ist, warum sie mit Ihnen verhandeln sollte.
- Vorgehensvorschlag: »Ich würde gerne zunächst über einige abgeschlossene Projekte und anschließend über Zukunftspläne sowie über mein Vergütungssystem und einige Rahmenbedingungen sprechen.«

Als letztes Element der Eröffnung empfehle ich Ihnen zu fragen, ob das Vorgehen so okay ist. Sagt die Gegenseite Nein, haben Sie immerhin eine frühe Warnung oder einen vorzeitigen Hinweis auf deren Interessen bekommen. Sagt sie Ja, ist dies bereits Ihr erster Verhandlungserfolg. »Getting To Yes« ist übrigens daher auch der englische Titel des Buches über das Harvard-Konzept.

Ganz nebenbei: Jedes Ja ist ein kleiner Verhandlungserfolg. Mit jedem Ja setzen Sie eine positive Dynamik in Gang, auf der Sie aufbauen können.

Überblick über mögliche Elemente der Eröffnung
1. Freundlicher Small-Talk-Start (rote »Herz«-Karte)
2. Meine Ziele
3. Ihr Nutzen
4. Mein Vorgehensvorschlag
5. Okay?

Wie finden Sie heraus, welche Position die Gegenseite hat?

Der Albtraum in jeder Verhandlung: Sie wissen überhaupt nicht, was der andere denkt. Doch wie können Sie den anderen »lesen«? Hierfür gibt es aus der Sprache des Pokerspiels einige Begriffe, die auch in einer Verhandlung Bedeutung haben. Wohl jeder hat schon mal die Wörter »Pokerface« oder »Bluff« gehört. Weniger bekannt sind dagegen die sog. Tells. Das sind

Anzeichen, an denen man erkennt, was die andere Seite wirklich möchte.

Solche Tells können z. B. »Tellwörter« sein. Ein klassisches Tellwort ist »eigentlich«: »Eigentlich möchte ich Ihnen kein sechsstelliges Gehalt zahlen«, kann durchaus bedeuten, dass das »uneigentlich« sehr wohl möglich ist. Dies gilt insbesondere dann, wenn Ihr Gegenüber das Füllwort »eigentlich« nicht in fast jedem Satz sagt wie der Fußballtrainer Joachim Löw, sondern nur in seltenen Situationen, so möglicherweise, wenn es unsicher ist.

Tells können aber auch körpersprachlicher Art sein, wie die Pokerspieler wissen: Manche Menschen bekommen beim Bluffen eine rauere Stimme oder man sieht ihre Halsschlagader vor Aufregung pochen. Deshalb ziehen Pokerspieler Schals oder Sonnenbrillen an. Das ist sicherlich für eine Gehaltsverhaltung keine gute Idee. Umso besser erschließen sich Ihnen jedoch auch die Tells der Gegenseite.

Einige typische Tells

Wenn Ihr ansonsten wortkarger Chef plötzlich redselig wird, könnte das eine Indiz dafür sein, dass er einen Bluff überdecken will.

Eine Veränderung im Klang der Stimme oder im Sprechtempo kann vielleicht darauf hindeuten, dass Ihr Gegenüber unsicher ist oder etwas verbergen will. Gleiches gilt, wenn der andere Ihren Blickkontakt meidet.

Vorsicht ist geboten, wenn der Chef Ihrem ersten Angebot sofort zustimmt: Wäre eventuell viel mehr möglich gewesen?

> **Einige typische Tells**
>
> »Ich biete Ihnen 80 ... äh, 70.000 Euro.« Vielleicht sind ja wirklich 80.000 Euro möglich? Also: Ohren auf bei solchen freudschen Versprechern.
>
> Wer sagt: »Das würde ich nur ungern akzeptieren«, teilt durch die Blume mit, dass die Forderung zumindest im Bereich des Möglichen liegt.
>
> Manche Verhandlungspartner sind konsequent inkonsequent. Sie können das an ihrem allerletzten und aller-allerletzten Angebot erkennen.

Seien Sie vorsichtig mit Tells. Verhandlungsprofis können sie einsetzen, um Sie absichtlich in die Irre zu führen. Ein Lehrstück dazu ist der James-Bond-Film »Casino Royale«.

Hüten Sie sich auch vor Missinterpretationen und setzen Sie vermeintliche Indizien für Tells immer in den Gesamtzusammenhang der Situation. Scheinbare Tells können auch etwas völlig anderes bedeuten. So kann eine rauere Stimme z. B. auch von einer Erkältung kommen. Wer die Hände und Füße verschränkt, kann in einer Abwehrhaltung sein – oder einfach nur frieren.

Sie oder Ihr Chef: Wer soll das Startangebot machen?

Ist es besser, wenn Ihr Verhandlungspartner ein Angebot unterbreitet? Oder ist es taktisch geschickter, wenn Sie mit einem eigenen Eröffnungsangebot schon einmal eine »Duftmarke«

setzen? Die Antwort, die uns die Verhandlungstheorie darauf gibt, ist recht einfach: Je mehr Sie über die Einigungszone wissen, desto eher sollten Sie das erste Angebot machen. Die folgenden zwei Beispiele illustrieren diesen Grundsatz.

Variante 1: Sie wissen wenig bis nichts über die Einigungszone. Sie wissen nur, dass Sie mindestens 80.000 Euro im Jahr verdienen möchten. In einem solchen Fall sollten Sie warten, bis Ihr Gegenüber eine Zahl nennt, denn sonst ist das Risiko hoch, dass Ihr ins Blaue geschossenes Angebot entweder zu hoch oder zu niedrig ist:

- Fordern Sie 100.000 Euro, während die Gegenseite sogar bereit ist, 110.000 Euro zu zahlen, haben Sie 10.000 Euro verschenkt.
- Fordern Sie 100.000 Euro, ist die Gegenseite jedoch nur bereit, maximal 82.000 Euro zu zahlen, haben Sie eine große Kluft zu überbrücken. Findet Ihr Chef Ihre Forderung überzogen, haben Sie gleich mit Ihrem Angebot die Verhandlungsatmosphäre negativ beeinflusst.

Variante 2: Sie können die Einigungszone gut einschätzen. Sie wissen, dass Sie mindestens 80.000 Euro im Jahr verdienen möchten und dass die Gegenseite wahrscheinlich bereit ist, 100.000 Euro zu zahlen.

In einem solchen Fall wäre es falsch, sich zurückzulehnen und auf das Angebot der Gegenseite zu warten. Sie riskieren dann nämlich, dass deren Startangebot viel niedriger ist als deren

BATNA. Nennt Ihr Verhandlungspartner z. B. nur +/– 80.000 Euro, werden Sie große Schwierigkeiten haben, dieses Angebot auf 100.000 Euro hochzuverhandeln; jedenfalls größere Schwierigkeiten als jemand, der mit 105.000 Euro oder auch weicher mit 98.000 Euro gestartet ist, damit sich die Gegenseite noch in die Einigungszone kämpfen muss.

Sie sollten also hier mit Ihrem Startangebot einen sog. Anker werfen, der letztendlich den Effekt hat, später ganz in der Nähe dieses Angebots zu landen.

Eher hoch oder niedrig? Wie Sie in die Verhandlung einsteigen sollten

Wer über Geld verhandelt, muss früher oder später auch immer eine konkrete Zahl nennen. Ist es besser, zu hoch einzusteigen, oder wirkt das unverschämt und zu fordernd? Oder ist es geschickter, zunächst eine niedrige Summe zu nennen und dann im Nachgang zu erhöhen?

Die wichtigste Regel bei all dem ist: Starten Sie mit der optimistischsten realistischen Annahme, also mit einem Angebot, das sich annähernd in oder an der Einigungszonengrenze Ihres Gegenübers bewegt.

Optimismus ist, wie so oft, also auch bei Gehaltsverhandlungen der beste Weg. Wenn Sie mit einem niedrigen Angebot starten und es stellt sich später heraus, dass es zu niedrig war, wäre das schade. Ihr Gegenüber wird Sie an Ihrem ersten Angebot festhalten und natürlich die genannte Summe nicht erhöhen. Warum auch?

Achten Sie darauf, mit Ihrem Optimismus nicht über das Ziel hinauszuschießen. Bleiben Sie bei Ihrem Angebot realistisch. Das ist aus zwei Gründen wichtig:

1. Wer zu viel fordert, riskiert seine Glaubhaftigkeit, weil er keine Argumente hat, mit denen er die Forderung begründen kann. Das verschlechtert unnötig die Verhandlungsatmosphäre.
2. Wer zu hoch einsteigt, verbaut sich die goldene Brücke zurück, falls sich der andere nicht einmal annähernd auf die Wünsche einlässt.

BEISPIEL

> Sie haben ein Jobangebot für 90.000 Euro pro Jahr von einem Konkurrenten Ihres Arbeitgebers vorliegen. Annehmen möchten Sie es aber nicht so gerne, da Ihnen diese Arbeit, was Sie jetzt schon ahnen, keinen Spaß machen wird. In Ihrem derzeitigen Job, den Sie gerne machen, verdienen Sie derzeit »nur« 70.000 Euro pro Jahr. Bei der anstehenden Gehaltsverhandlung mit Ihrem Chef können Sie durchaus die 90.000 Euro ins Gespräch bringen, um zu testen, ob sie nicht doch möglich sind, weil Sie ja ehrlich angeben können, dass dies Ihre Beste Alternative und damit realistisch ist. Sie haben dann immer noch die Rückzugsmöglichkeit zuzugeben, dass Ihnen der aktuelle Job mehr Freude macht und Sie deshalb auch auf etwas Geld verzichten würden.
>
> Achten Sie auf die Formulierung: auf »etwas« Geld, nicht auf »viel« Geld; und die andere Arbeit macht nicht etwa »keine« Freude, sondern »weniger« Freude.

Nennen Sie am besten krumme Summen. Forschungsergebnisse haben gezeigt, dass man auf eine krumme Summe die besseren Gegenangebote bekommt (Klees 2013).

Wer fragt, der führt

In einer Gehaltsverhandlung geht es nicht nur darum, passiv die Fragen Ihres Chefs zu beantworten. Sie dürfen und sollten auch selbst aktiv Fragen stellen, um an die nötigen Informationen zu kommen, mit denen Sie die wichtigen Annahmen, die Sie in Ihrer Vorbereitung hoffentlich mutig getroffen haben, bestätigen oder anpassen können.

In der ersten Hälfte des Gesprächs sollten Sie vor allem offene Fragen wählen, da diese mehr Informationen liefern. Offene Fragen zeichnen sich dadurch aus, dass Ihr Gegenüber mehr von sich preisgeben muss. Er kann sie nicht mit einem einfachen Ja oder Nein beantworten:

- »Was sind Ihrer Meinung nach meine Stärken?«
- »Was braucht es aus Ihrer Sicht, damit der Vorstand die Gehaltserhöhung befürwortet?«

> Achten Sie darauf, Ihrem Chef nicht allzu viele Warum-Fragen zu stellen – schnell entsteht sonst eine Verhör-Atmosphäre.

Gegen Ende des Gesprächs sollten Sie geschlossene Fragen wählen, die man nur mit Ja oder Nein beantworten kann. So zwingen Sie Ihr Gegenüber, auf den Punkt zu kommen. Um eine ausgewogene Balance herzustellen, sollten Sie im Gespräch nicht wesentlich mehr fragen als Ihr Chef, aber auch nicht wesentlich weniger.

Tückische Fragen – geschickte Antworten

Es ist gut, wenn Sie sich auf einige mögliche Trickfragen Ihres Gegenübers vorbereiten und sich bereits Antworten darauf zurechtlegen. Im Folgenden finden Sie ein paar Beispiele (teilweise wörtlich zitiert aus Wehrle, 145 ff.):

Die Gehen-oder-nicht-Frage: »Würden Sie unsere Firma denn verlassen, wenn ich Ihre Gehaltsforderung ablehne?«

Antwortbeispiel: »Es geht Ihnen darum, wie wichtig mir eine Gehaltserhöhung ist?« (Pause, Kopfnicken vom Chef) »Dann kann ich Ihnen sagen: sehr wichtig, damit ich eine konkrete Perspektive habe und meine hohe Motivation weiter ausbauen kann.«

Die Schwächen-Frage: »Welche Schwächen sehen Sie bei sich und Ihrer Arbeit?«

Antwortbeispiel: »Eine meiner Schwächen mag sein, dass ich den vollen Einsatz, mit dem ich an Projekte gehe, auch von anderen erwarte. Ich glaube, da verlange ich manchmal ein bisschen viel.«

Sinnfrage: »Worum geht es Ihnen: um mehr Gehalt oder um eine schöne Arbeit, die Sie erfüllt?«

Antwortbeispiel: »Damit mich eine Aufgabe innerlich erfüllt, muss beides stimmen: sowohl der Inhalt der Arbeit als auch das Gehalt dafür.«

Suggestivfrage: »Sind Sie nicht auch der Meinung, dass Sie für Ihre Tätigkeit schon heute ein recht gutes Gehalt bekommen?«

Antwortbeispiel: »Ihre Frage gibt die Antwort schon vor. Aber der Punkt ist wichtig. Darum noch einmal ganz klar: Ich erwarte ein Gehalt, dass meiner Leistung entspricht – also mehr als im Moment.«

Ablenkungsfrage: »Wie sehen Sie denn, etwas globaler betrachtet, die Entwicklungschancen in unserer Branche?«

Antwortbeispiel: »Gerne unterhalte ich mich mit Ihnen über die Entwicklung der Branche. Erst möchte ich aber meine Entwicklungschancen in der Firma klären. Um darauf zurückzukommen: Wie sehen Sie sie?«

Einige dieser Fragen können Sie durchaus nicht nur als schwarze Karten, sondern auch als rote Karten und damit als Vorlagen für gute Antworten benutzen. So kann es beispielsweise sinnvoll sein, mit einem Exkurs über die Entwicklungschancen der Branche Ihren eigenen Gehaltserhöhungswunsch zu rechtfertigen. Oder Sie nehmen eine Alternativfrage Ihres Chefs zum Anlass, Win-win-Potenzial herauszuarbeiten.

BEISPIEL

> »Da mir momentan die Verdienstmöglichkeiten besonders wichtig sind, wäre ich auch bereit, die unangenehmeren Aufgaben zu übernehmen, wenn das mein Gehalt erheblich erhöht.«

Einwände geschickt parieren

Vielleicht ist Ihr Chef Verhandlungsprofi und lässt sich nicht so leicht von Ihrer Argumentation überzeugen. Dann sollten Sie auf seine Einwände vorbereitet sein. In der folgenden Aufzählung finden Sie Beispiele, wie Sie auf typische Gegenargumente reagieren können (teilweise wörtlich zitiert nach Hesse/Schrader, 72 ff., Friedrichsen, 84 ff.).

- Einwand: »Glauben Sie wirklich, dass Ihre Leistungen eine so hohe Gehaltsforderung rechtfertigen?«

  Mögliche Antwort: »Ich wäre interessiert zu erfahren, womit Sie in letzter Zeit nicht zufrieden waren. Was ist mit meinen Leistungen nicht in Ordnung?«

- Einwand: »Warum sollten wir ausgerechnet Ihnen mehr bezahlen?«

  Mögliche Antwort: »Ich habe für das Unternehmen mehr Geld verdient, weil …«

- Einwand: »Andere wären froh über so einen guten Arbeitsplatz.«

  Mögliche Antwort: »Meine Leistungen rechtfertigen eine bessere Honorierung.«

- Einwand: »Sie werden nicht damit zufrieden sein, was ich Ihnen anbieten kann, aber leider geht es nicht anders.«

  Mögliche Antwort: »Ja, das stimmt, damit bin ich wirklich nicht zufrieden. Trotz allem sollten wir versuchen, eine angemessene Lösung zu finden. Welche Möglichkeiten gibt es dafür?«

- Einwand: »Ich werde mal sehen, was sich bei meinen Vorgesetzten machen lässt.«

  Mögliche Antwort: »Ich habe Sie als direkten Vorgesetzten angesprochen, weil Sie mich am besten beurteilen können und ich Sie nicht übergehen wollte. Gerne spreche ich auch selbst mit dem Geschäftsführer.«

- Einwand: »Fragen Sie in einem Jahr noch mal nach.«

  Mögliche Antwort: »Ich wollte schon im vergangenen Jahr nachfragen, habe aber noch den erfolgreichen Projektabschluss abgewartet. Ich möchte deshalb nicht noch ein weiteres Jahr warten.«

- Einwand: »Eine Gehaltserhöhung gefährdet den Betriebsfrieden.«

Mögliche Antwort: »Unterschiedliche Qualitäten und Leistungen können durchaus anders bezahlt werden – ohne dass dies jemand als ungerecht empfinden muss.«

- Einwand: »Wenn Sie eine Gehaltserhöhung bekommen, will das die ganze Abteilung.«

  Mögliche Antwort: »Meine Situation ist nicht vergleichbar, und ich werde selbstverständlich Stillschweigen bewahren.«

- Einwand: »In Ihrer Position kann nicht mehr gezahlt werden.«

  Mögliche Antwort: »Gut, dann sollte man vielleicht über eine Beförderung nachdenken.«

- Einwand: »Die Kassen sind leer.«

  Mögliche Antwort: »Das Unternehmen hat einen Gewinn von ... gemacht, und ich hatte daran einen Anteil.«

- Einwand: »Sie werden bei uns heute schon besser bezahlt, als es bei der Konkurrenz der Fall ist.«

  Mögliche Antworten: »Meine Leistungen sind außerordentlich, weil ...«, oder: »Andere Unternehmen zahlen ...«

- Einwand: »Gehälter in dieser Höhe sind branchenunüblich.«

  Mögliche Antwort: »Ich weiß nicht, ob Sie die Veröffentlichung XY schon einsehen konnten. Sie besagt, dass ...«

- Einwand: »Sie mit Ihrer realistischen Art werden sicher verstehen können, dass ich nicht mehr Geld zahlen kann.«

Möglich Antwort: »Eben weil ich realistisch bin, schätze ich ganz nüchtern ein, dass ich der Firma geholfen habe, was honoriert werden sollte, wie ich meine.«

- Einwand: »Ich fürchte, dass Sie mit einem höheren Gehalt nicht mehr motiviert genug sind für Ihre Arbeit.«

  Mögliche Antwort: »Sie müssten mich doch mittlerweile gut genug kennen, um einzuschätzen, dass ich nicht der Typ bin, der sich auf seinen Lorbeeren ausruht.«

- Einwand: »In unserer Krise wäre eine Gehaltserhöhung ein falsches Signal.«

  Mögliche Antwort: »In Krisenzeiten sollte man in gute Kräfte investieren, um gemeinsam mit ihnen das Tal der Tränen zu verlassen.«

- Einwand: »Wie sollen wir im nächsten Jahr angesichts der angespannten Wirtschaftslage Gehälter bezahlen?«

  Mögliche Antwort: »Mit zufriedenen und damit auch motivierten Mitarbeitern gelingt es sicherlich, im Markt zu bestehen.«

- Einwand: »Ihre bisherigen Leistungen rechtfertigen keine Gehaltserhöhung.«

  Mögliche Antwort: »Ich glaube, dass ich sie aus folgenden Gründen verdiene ...«

- Einwand: »Es gibt Wichtigeres als Geld.«

  Mögliche Antwort: »Stimmt, deshalb würde ich gerne mit Ihnen über folgende weitere Themen sprechen ...«

Gute und schlechte Argumente

Es gibt typische gute und schlechte Argumente in einer Gehaltsverhandlung (Wehrle, 96 ff.).

Beispiele für schlechte Argumente

- »Ich habe gerade ein Haus gebaut. Da werden Sie verstehen, dass ich dringend mehr Geld brauche!«

    Nachteil: Mit diesem Argument machen Sie den Eindruck, als ob Sie nicht mit Geld umgehen können.

- »Ich will ja nur das verdienen, was mein Kollege auch bekommt!«

    Nachteil: Sie bringen damit den Kollegen in Schwierigkeiten und wirken somit illoyal. Denn meist ist immer noch in Arbeitsverträgen festgelegt, dass über das Gehalt Stillschweigen zu bewahren ist.

- »Ich bin schon viele Jahre dabei – Zeit für eine Gehaltserhöhung!«

    Nachteil: Die Aussage widerspricht dem vorherrschenden Leistungsprinzip in Unternehmen. Chefs in der freien Wirtschaft halten meist nichts von der darin mitschwingenden »Beamtenmentalität«.

- »Jetzt eine Gehaltserhöhung, und ich werde in Zukunft richtig anpacken!«

Nachteil: Diese Aussage lässt auf Motivationsprobleme und falsche Versprechungen schließen.

- »Entweder Sie zahlen mir mehr Geld, oder ich gehe zur Konkurrenz!«

   Nachteil: Dieser Satz wird als Erpressung und Vertrauensmissbrauch empfunden.

- »Die Arbeit nimmt zu, daher brauche ich mehr Gehalt!«

   Nachteil: Dieses Argument wirkt wie eine Drohung und fordert Vergleiche mit anderen Kollegen heraus.

- »Sie fahren ja schließlich auch einen neuen Dienstwagen, jetzt bin ich mal dran!«

   Nachteil: Ein solcher Satz wird als unverschämt und unangemessen empfunden.

- »Wir haben doch so ein gutes Verhältnis ...«

   Nachteil: Diese Verquickung von Privatem und Dienstlichem provoziert Reserviertheit bei Ihrem Gegenüber.

- »Geben Sie mir mehr Gehalt, oder ich mache Dienst nach Vorschrift!«

   Nachteil: Wer so etwas äußert, provoziert, dass er keine Karriere mehr machen wird – zumindest nicht mehr in diesem Unternehmen.

- »Die anderen arbeiten viel weniger.«

   Nachteil: Diese Aussage wirkt unkollegial und lässt auf ein schwaches Selbstbewusstsein schließen.

- »Der Markt zahlt das Doppelte.«

    Nachteil: Wenn Sie diese Aussage nicht belegen können, wirkt sie übertrieben. Dies führt dazu, dass Ihr Chef Sie nicht mehr ernst nimmt.

- »Ich habe mich mit den Kollegen abgesprochen. Sie sind auch der Meinung, dass wir mehr Geld verdienen müssen.«

    Nachteil: Gruppenforderungen erzeugen psychologischen und wirtschaftlichen Druck auf den Chef. Sie stärken damit gleichzeitig seinen Widerwillen, der Forderung nachzugeben.

Beispiele für gute Argumente

(Wehrle, 102 ff.)

- Das Unternehmen spart Geld durch mich.
- Die Firma verdient zusätzlich durch mich.
- Ich habe in letzter Zeit immer mehr zusätzliche Arbeit und Verantwortung übernommen.
- Die Firma profitiert von meiner verbesserten Qualifikation.
- Ich habe eine Spitzenleistung erbracht.

Unfaire Tricks

Selbst wenn Ihr Chef in der Gehaltsverhandlung mit unfairen Tricks arbeiten sollte, ist nicht zu empfehlen, dass Sie dies auch tun. Das haben Sie auch gar nicht nötig, vorausgesetzt,

Sie wenden die vielen in diesem TaschenGuide beschriebenen fairen Techniken an.

Sie sollten allerdings durchaus darüber nachdenken, wie Sie sich in einem solchen Fall verteidigen können. Harry-Potter-Fans könnten das die »Verteidigung gegen die dunklen Künste« nennen.

Nachfolgend finden Sie einige mehr oder weniger unfaire Tricks aufgelistet und Taktiken, wie Sie dagegen vorgehen können.

Bluff – Wenn Ihr Verhandlungspartner nicht ganz ehrlich ist

Bluffs bewegen sich in einem weiten Spektrum: von der harmlosen Flunkerei, die beide Seiten lächelnd als solche erkennen, bis zur dreisten Lüge, die verbrannte Erde hinterlässt. Ein Bluff-Trick der Gegenseite kann sehr effektvoll, aber auch sehr riskant sein. Wird die Unehrlichkeit aufgedeckt, schwächt das die Verhandlungsposition des beim Lügen Ertappten erheblich. Ein erkannter Bluff ist jedoch auch für die andere Seite nicht einfach handzuhaben.

Wenn Sie vermuten, Opfer eines Bluffs zu werden, sollten Sie zunächst herausfinden, ob die Information wirklich nicht stimmt. Dieser Realitätstest gelingt eventuell durch einen Internetcheck, falls Sie die Zeit dazu haben. Es gibt aber in der unmittelbaren Interaktion auch Möglichkeiten, Bluffs zu erkennen.

Die Körpersprache Ihres Gegenübers ist hier sehr aussagekräftig: Passt sie zu den Worten? Wirken die Gesten des anderen fahrig? Weicht er Ihrem Blick aus?

Wenn Sie einen Bluff erkannt haben, kann es cleverer sein, diesen nicht anzusprechen (»Sie bluffen doch!«), weil dies unmittelbar Schwierigkeiten für die Verhandlung schafft. Besser ist es, wenn Sie sich eine Notiz dazu im Kopf machen, bei zukünftigen Aussagen auch mit weiteren Bluffs Ihres Gesprächspartners rechnen und Ihrerseits eher mehr schwarze (Vorsichts-)Karten spielen.

Ratifizierung – »Ich muss erst meinen Chef fragen«

Dieser Trick kommt aus der Politik: Parlamente ratifizieren die Entscheidungen von Regierungen, z.B., ob ein EU-Vertrag in Kraft treten kann. Auch Gewerkschaften lassen Tarifverhandlungsergebnisse in einer Urwahl von ihren Mitgliedern absegnen, damit die Forderungen der Arbeitgeberseite in den Verhandlungen nicht zu aggressiv werden. Ein ähnliches Motiv hatte wahrscheinlich (neben anderen politischen Motiven) der frühere SPD-Chef Sigmar Gabriel, als er in den Koalitionsverhandlungen mit der Union und Angela Merkel einen Mitgliederentscheid organisiert hat, frei nach dem Motto: »Liebe Angie, mute uns nicht zu viel in den Verhandlungen zu, sonst sagen unsere Mitglieder Nein.«

Natürlich wird dieser Trick auch von Chefs in Gehaltsverhandlungen angewendet, mit Blick auf den Vorgesetzten des Chefs oder auf Budgetrestriktionen, die Gehaltserhöhungen nicht ohne weitere Rücksprache erlauben. Auch im Privaten erleben wir ihn hin und wieder.

BEISPIEL

> Ein Mann sagt zum Verkäufer: »Oh, da muss ich erst meine Frau fragen, ob ich mir so ein teures Auto leisten darf«, und hat dabei die Absicht, mit diesem Einwand den Preis herunterzuhandeln.

Gegen den Ratifizierungstrick gibt es drei wirkungsvolle Gegenmaßnahmen:

- **Mandatklärung:** Sie können bereits vor der Verhandlung erfragen (natürlich vorsichtig und höflich!), wie weit das Mandat des Gesprächspartners reicht. Dann kann er sich später nicht hinter dem Ratifizierungsargument verstecken.

- **Gegenratifizierung.** Sie können Ihren Gesprächspartner zur Verteidigung mit den gleichen Waffen schlagen. Wenn sich beispielsweise die Gegenseite Bedenkzeit erbittet, verweisen Sie Ihrerseits darauf, dass Sie Ihre Positionen nochmals überdenken möchten. Vielleicht können Sie das auch kombinieren mit der mehr oder weniger stark mitschwingenden Drohung, später mehr zu fordern, bzw. mit dem Angebot, sich jetzt sofort auf eine noch relativ moderate Forderung zu einigen.

- **Ultimatum:** Den Effekt, den Sie mit der Gegenratifizierung erzielen, können Sie mit einem Ultimatum noch verstärken.

Bezeichnen Sie die im Raum stehende Forderung als nicht weiter verhandelbar. Die zugrundeliegende Logik ist, dass der Ratifizierungstrick Ihres Gegenübers als Bluff entlarvt werden soll. Wenn die Gegenseite glaubt, durch ihren Trick noch zusätzlich Gewinne zu machen, obwohl man bereits in der Einigungszone ist, wird ihr mit dem Ultimatum dieser Glaube genommen. Aber Vorsicht: Der Ultimatumtrick hat seine eigenen Gesetzmäßigkeiten (siehe dazu sogleich).

Friss oder stirb: das Ultimatum

Das Ultimatum ist neben dem Bluff der wohl zweithäufigste Trick in Verhandlungen. Ähnlich wie dieser ist er sehr effizient, wenn er funktioniert, und gleichzeitig sehr riskant, wenn er nicht funktioniert. Es schafft zunächst ein Dilemma für die andere Seite: Akzeptiert sie das letzte Angebot, hat sie nachgegeben; akzeptiert sie es nicht, ist die Verhandlung beendet, wenn es wirklich das letzte Angebot war.

Die zweite Möglichkeit zeigt aber zugleich auch die Gefahr für denjenigen, der das Ultimatum ausspricht. Er muss immer damit rechnen, dass dadurch die Verhandlung beendet wird. Daraus folgt: Wer ein Ultimatum setzt, sollte sich sehr sicher sein, dass sich die Verhandlung und damit das letzte Angebot in der Einigungszone befinden. Man möchte ja schließlich dem letzten Angebot kein allerletztes folgen lassen und damit seine Glaubhaftigkeit verlieren.

Es gibt wirksame Strategien, wenn Ihnen Ihr Gegenüber ein Ultimatum setzt. Eine gute Verteidigungstaktik gegen ein Ultimatum kann ein Ablenkungsversuch sein, um dem beschriebenen Dilemma zu entgehen. Führen Sie dazu Ihr Gegenüber in eine andere Richtung, weg vom Ultimatum. Sie könnten z. B. sagen: »Ich verstehe, dass dieses Thema für Sie wichtig ist, und werde darauf gleich zurückkommen. Zuvor möchte ich aber noch eine Frage zu einer anderen Angelegenheit stellen.« Auch bei einer Kombination aus Ultimatum und Selbstbindung kann eine ähnliche Technik hilfreich sein. Wenn Ihr Chef Sie, um Druck auszuüben, bittet, eine Forderung telefonisch bis zum Ende der Woche auf seinem Anrufbeantworter zu hinterlassen, weil er nicht erreichbar sei, können Sie antworten, für Sie sei ein persönliches Gespräch in der darauffolgenden Woche zeitlich völlig ausreichend.

Interessanterweise wirken manche der Verhandlungstricks auch gegeneinander: So können Sie beispielsweise ein Ultimatum mit der sog. Salami-Taktik bekämpfen und umgekehrt.

Die Salami-Taktik

Die Salami-Taktik heißt nicht von ungefähr so. Wer sie nutzt, veranlasst seinen Gesprächspartner dazu, immer mehr und mehr kleine Konzessionen zu machen. Wie bei der italienischen Wurst wird so Scheibchen für Scheibchen abgeschnitten, bis der andere, ehe er es sich versieht, weniger hat, als er zu geben bereit war. Beim Gesprächspartner wird der Eindruck erweckt, man müsse sich nur noch ganz wenig bewegen, um eine Einigung zu bekommen. Nachdem diese Bewegung erfolgt ist, wird man um eine weitere ganz kleine Konzession gebeten und dann um noch eine usw. – so lange, bis die andere Seite die komplette Salami in ihrer Tasche bzw. den ganzen Verhandlungskuchen auf ihrem Teller hat. Das ist die alte Kunst des Gebens und Nehmens und Nehmens und Nehmens.

Ein Ultimatum kann helfen, sich gegen die Salami-Taktik zu verteidigen. Es gilt dabei der wichtige Verhandlungsgrundsatz: keine Konzession ohne Gegenkonzession (Tit-for-Tat). Sie bieten der Gegenseite an, eine kleine Konzession zu machen (also eine dünne Salamischeibe abzuschneiden), sagen aber gleichzeitig, dass dies Ihr letztes Entgegenkommen ist (Ultimatum) bzw. dass Sie für weitere Zugeständnisse Gegenkonzessionen benötigen.

> In ähnlicher Weise kann ein Ultimatum auch gegen die Verzögerungstaktik helfen, wie die Eltern von Kindern sicherlich bestätigen werden.

Auch umgekehrt kann die Salami-Taktik gegen ein Ultimatum wirken: Sie schneiden nur eine sehr dünne Scheibe von der ultimativen Forderung ab und testen damit, ob es wirklich ein Ultimatum war bzw. weichen aus.

BEISPIEL

»Wenn Sie eine Gehaltserhöhung haben wollen, muss das Projekt aber bis Ende April abgeschlossen sein.« Antwort: »Wäre Anfang Mai auch noch akzeptabel? Dann könnte ich die Ergebnisse der Strategietagung noch miteinbeziehen.«

Guter Polizist, böser Polizist (englisch: Good Cop, bad Cop)

Im Verhandlungsteam verhandelt einer kooperativ, um Sie zu Konzessionen zu bewegen. Der andere verhält sich unkooperativ, um Sie auszunutzen. Man bedient sich im Team quasi des Gefangenendilemma-Effektes: Einer kann die roten Karten mit ihren Vorteilen (Kooperationspflege) spielen, und zwar, ohne die Nachteile in Kauf zu nehmen (Ausnutzungsgefahr). Der andere kann die schwarzen Karten spielen mit all ihren Vorteilen (Druckausübung) und ohne die Nachteile (Bestrafungsgefahr). Dieser Trick ist in der Realität recht häufig zu beobachten. Sitzt man auf der anderen Seite des Verhandlungstisches, weiß man dann oft nicht, ob man lachen oder gähnen soll, vor allem, wenn er offensichtlich und schlecht gespielt wird. Wird der Trick jedoch geschickt angewendet, kann er durchaus effektvoll sein.

Die Rollenverteilung muss nicht an Hierarchieebenen geknüpft sein. Manche Chefs mögen es, selbst der gute Polizist zu sein, und schicken gerne ihre »Wadenbeißer« vor, die die andere Seite mürbemachen, damit sie selbst kooperativer wirken. Andere toben sich gerne als böser Polizist aus und lassen dann ihre Mitarbeiter als gute Polizisten die Scherbenhaufen aufräumen. In der Gehaltsverhandlung kann es, insbesondere in einem Vorstellungsgespräch, durchaus passieren, dass Ihnen ein Team gegenübersitzt, das diese Taktik spielt, z.B. Ihr direkter fachlicher Vorgesetzter und ein Vertreter der Personalabteilung.

Auch hier hilft als Gegenmaßnahme eine Mandatklärung. Ausschlaggebend bei der Verteidigung gegen diesen Trick ist die Frage, wer auf der anderen Seite tatsächlich die Entscheidungen trifft. Ist es der böse Polizist, riskiert man viel mehr, wenn man sich zuvor auf größere Konzessionen eingelassen hat. Das Motto der Verteidigung sollte sein: »Lieber guter Polizist, es ist ja schön, dass du so kooperativ bist, aber triffst du auch die Entscheidungen in eurem Team? Nur dann kann ich mich nämlich darauf verlassen, dass unsere Deals auch Bestand haben, und ich nicht im Nachhinein von deinem bösen Chef über den Tisch gezogen werde.« Das ist natürlich nicht wörtlich so zu formulieren. Sinngemäß sollten Sie jedoch in diese Richtung gehen.

Drohungen, Extremforderungen, Druck ausüben

Tricks, die mit Drohungen, Extremforderungen und Druckausübung zu tun haben, sollten Sie selbst, wenn überhaupt, nur mit äußerster Vorsicht anwenden, weil Sie sich damit in eine schwierige Lage bringen können. Aus dem Schachspiel stammt der Satz: Die Drohung ist stärker als die Ausführung! Für die Verhandlung bedeutet dies, dass es unangenehm sein kann, eine Drohung wahrzumachen (»Wenn Sie mein Gehalt nicht erhöhen, werde ich das Unternehmen verlassen!«). Sie sollten also ernstlich entschlossen sein, Ihre Drohung zur Not auch in die Tat umzusetzen, wenn der andere nicht auf Ihre Forderungen eingeht.

Wendet dagegen Ihr Verhandlungspartner diese Tricks an, können Sie mit Techniken parieren, die auch im Judo angewendet werden:

- Sie können die Drohungen ins Leere laufen lassen, indem Sie sie noch nicht einmal eines Kommentars würdigen. Denken Sie sich: »Diese Drohung juckt mich nicht bzw. die Forderung ist so extrem, dass ich sie nicht durch eine Gegenforderung aufwerte, bevor wir in den realistischen Bereich kommen.«
- Sie kontern Ihrerseits mit einer Gegendrohung bzw. einer extremen Gegenforderung (Tit-for-Tat). Das Motto lautet hier: »Irgendwo ungefähr in der Mitte können wir uns einigen.« Allerdings sollte die Mitte dann für Sie sogar besser als akzeptabel sein, damit man Sie nicht zu leicht durchschauen kann.

Psychologische Kriegsführung und Machtspiele

Psychologische Spielchen sind unangenehm, vor allem in Gehaltsverhandlungen. Verteidigen können Sie sich dagegen am besten mit der BATNA-Analyse (siehe hierzu näher das Kapitel »Durchsetzungsstärke«). Die Wahrnehmung der BATNA bestimmt die Verhandlungsmacht, deshalb kontern Sie die Spielchen auch am besten mit einer nüchternen Verhandlungsanalyse.

BEISPIEL

> Behauptet Ihr Chef, Sie seien auf ihn mehr angewiesen als er auf Sie, lohnt sich eventuell eine genauere Analyse: Möglicherweise unterschätzt er Ihre Alternativen, während er seine überschätzt.

Was bei fast allen Tricksereien hilft

Bei fast alle Tricksereien hilft die »Warum-Frage« aus dem Harvard-Konzept: Fragen Sie sich, warum der andere Sie austricksen möchte. Es macht einen großen Unterschied, ob er trickst, weil er Sie ausnutzen will – dann sollten Sie eine schwarze Stoppkarte spielen – oder ob er nicht sieht, was für beide in der Verhandlung an Potenzial steckt. In diesem Fall könnte eine rote Kooperationskarte durchaus sinnvoll sein, um Win-win-Möglichkeiten auszuschöpfen, frei nach dem Motto: Tricksereien sind unnötig, wir können auch ohne sie vorankommen!

Wenn die Verhandlung zu eskalieren droht

Ihr Chef schmettert alle Ihre Argumente, die aus Ihrer Sicht eindeutig für eine Gehaltserhöhung sprechen, mit einem desinteressierten Achselzucken und einem kurzen »Nein, das geht nicht« ab? Ihre Vorgesetzte nimmt die Gehaltsverhandlung zum Anlass, um ganz grundsätzlich Ihre Arbeitsleistung infrage zu stellen?

Wer mit solchen Reaktionen konfrontiert wird, fühlt Wut, Enttäuschung oder Traurigkeit. Das sind starke Emotionen, die sich zunächst wie ein Riegel vor unseren Verstand schieben und uns damit in unserer sachlichen Argumentation erst einmal blockieren. Doch was tun, um die Verhandlung dadurch nicht zu gefährden?

Mit Wut und Ärger umgehen

Wut ist ein heftiges Gefühl. Es lässt sich nur schlecht unterdrücken. Sachlich zu bleiben, fällt daher in diesem Zustand besonders schwer oder ist, wenn wir sehr zornig sind, nahezu unmöglich. Zudem registriert unser Gegenüber ziemlich schnell, wenn wir wütend werden, und zwar an unserer Körpersprache. Unser Blick wird starr, unsere Augen verengen sich. Einige ballen die Fäuste, wippen ungeduldig mit dem Fuß oder runzeln die Stirn. Unterdrücken können wir die körperlichen Reaktionen nur schwer – unser Körper bereitet sich damit auf Flucht oder Angriff vor. Das sind meist unbewusst ablaufende archaische Muster, die unseren Vorfahren in der Wildnis das Leben retteten, in unserer heutigen Zeit jedoch nicht mehr zielführend sind.

Spüren Sie Ärger und Wut in sich aufsteigen, sollten Sie frühzeitig reagieren und nicht abwarten, bis Ihre Wut außer Kontrolle gerät und Sie blockiert. Sprechen Sie das, was Sie ärgert, am besten gleich an. Tun Sie das nicht in Form eines Vorwurfs oder durch eine verbale Retourkutsche, sondern fragen Sie nach, was Ihr Gegenüber konkret mit der Äußerung gemeint hat.

BEISPIEL

> »Ich muss hier kurz nachhaken: Was genau meinen Sie damit, wenn Sie sagen, dass meine Leistungen schon einmal besser waren?«

Im besten Fall ergibt die Nachfrage, dass es sich nur um eine missverständliche Äußerung Ihres Chefs handelte. Das Nachhaken führt dann dazu, dass sich alles aufklärt und sich Ihre Wut in Wohlgefallen auflösen kann.

Im schlechtesten Fall hat Ihr Vorgesetzter das, was er sagte, auch so gemeint. Liegen die Fakten auf dem Tisch, beschreiben Sie, was Sie daran ärgert. Tun Sie das, ohne dem anderen Ihrerseits Vorwürfe zu machen oder sich zu rechtfertigen. Was dabei hilft: Sprechen Sie aus der Ich-Perspektive, vermeiden Sie »Du-Botschaften«, die der andere automatisch als Anklage empfindet.

BEISPIEL

> Nicht: »Sie lügen doch!«
>
> Eher: »Ich fühle mich jetzt ungerecht behandelt.«
>
> Nicht: »Sie wissen doch gar nicht, was es heißt, dieses Projekt zu leiten.«
>
> Eher: »Ich folgere aus Ihrer Kritik, dass Sie nicht zufrieden mit meinen Leistungen sind. Das ärgert mich. Es ist eine Herausforderung, das Projekt zu leiten, weil ...«

Merken Sie, dass Sie Ihre Wut und Ihren Zorn nicht gut in den Griff bekommen, versuchen Sie, Zeit zu gewinnen. Elegant und relativ dezent schaffen Sie das, indem Sie Ihren Chef um eine kurze Unterbrechung bitten.

Haben Sie etwas gesagt, das bei Ihrem Vorgesetzten Wut ausgelöst hat, sollten Sie ihn erst einmal reden lassen. Wer Ärger in sich spürt, ist ein denkbar schlechter Zuhörer. Argumente und Beschwichtigungen von anderen kommen dann nur schlecht bis gar nicht bei ihm an. Auch bei eskalierenden Emotionen empfiehlt das Harvard-Konzept im Übrigen die Warum-Frage: Welches Grundbedürfnis, wie z. B. Anerkennung, Zugehörigkeit, Autonomie, Status und Rolle, wurde verletzt? Gelingt es, dieses positiv zu adressieren, werden wahrscheinlich auch die eskalierenden Emotionen deeskaliert.

Es gibt jedoch eine klare Grenze. Sie ist erreicht, wenn sich die Wut des anderen in Beleidigungen oder verbalen Tiefschlägen entlädt. Wird Ihr Chef verletzend oder beleidigend, brechen Sie das Gespräch am besten ab und vertagen Sie es auf einen späteren Zeitpunkt. In einem solchen Fall ist es unwahrscheinlich, noch zu einem konstruktiven Miteinander zu kommen.

Wenn Sie beleidigt oder proviziert werden

BEISPIEL

> »Frau Müller, das ist jetzt nicht Ihr Ernst. Sie wollen mehr Gehalt? Wie kommen Sie bloß darauf? Sie können froh sein, dass ich Sie überhaupt eingestellt habe!«

Wer in einer Gehaltsverhandlung mit Äußerungen dieser Art konfrontiert wird, ist erst einmal wie vor den Kopf geschlagen. Persönliche Angriffe bewegen sich weit weg von der Sachebene. Sie werden entweder gewählt, weil uns der andere damit einschüchtern, aus der Reserve locken und provozieren, oder das Gespräch zum Scheitern bringen will. Reagieren Sie darauf zu sehr nach dem Motto »Auge um Auge, Zahn um Zahn«, haben Sie schon verloren. Verlässt eine Verhandlung die Sachebene und werden aus Parteien erbitterte Kontrahenten, ist es schwer, Konsens zu erzielen.

> Auch bei der Anwendung der Tit-for-Tat-Strategie (siehe hierzu näher das Kapitel »Intelligent kooperieren«) ist darauf zu achten, keine Eskalation zu provozieren, sondern sehr dosiert zu agieren.

Doch wie bleibt man bei Provokationen sachlich? Hier hilft die sog. Dissoziationstechnik, mit der Sie die unangenehme Situation sozusagen von Ihrer Person abspalten können.

Betrachten Sie das Geschehen von oben

Begeben Sie sich in die Adlerperspektive und schauen Sie sich die Situation von oben wie ein unbeteiligter Betrachter an.

Versuchen Sie, die Interessen Ihres Gegenübers zu ergründen. Abstrahieren Sie dabei von der Position, die er vertritt. Stellen Sie sich hierzu die Warum-Frage: Warum greift Sie Ihr Chef persönlich an? Was könnte sein Interesse daran sein? Was will er damit erreichen?

Vielleicht fühlt er sich durch Ihren Wunsch nach mehr Gehalt bedrängt. Vielleicht haben Sie ihn vorab versehentlich beleidigt oder provoziert. Vielleicht will er Sie einschüchtern. Vielleicht ist das seine ungeschickte Art, die Gesprächsatmosphäre zu lockern. Vielleicht möchte er vom Thema ablenken.

Je nach dem Motiv Ihres Gegenübers haben Sie unterschiedliche Reaktionsmöglichkeiten. Viele davon habe ich bereits im Kapitel »Unfaire Tricks« beschrieben. Unabhängig von den Motiven Ihres Chefs gelten bei persönlichen Angriffen und Beleidigungen immer die folgenden Regeln.

- Vergelten Sie nicht zu stark Gleiches mit Gleichem.

- Lassen Sie sich nicht zu Kurzschlussreaktionen hinreißen.

- Machen Sie Ihrem Vorgesetzten unmissverständlich klar, dass Sie an einer gemeinsamen sachorientierten Lösung interessiert sind.

- Bleiben Sie streng auf der Sachebene und versuchen Sie, auch Ihr Gegenüber (wieder) dorthin zu lenken.

- Ergreifen Sie nicht die Flucht und lassen Sie sich nicht verunsichern. Es wäre falsch, Ihren Wunsch nach einer Gehaltserhöhung zurückzuziehen.

- Ist Ihr Verhandlungspartner auch nach mehreren Anläufen nicht bereit, das Gespräch sachlich zu führen, sollten Sie die Verhandlung abbrechen. Auch dies sollte sachlich geschehen – eventuell mit dem wiederum sachlichen Hinweis, dass Sie das Gespräch in die nächste Ebene eskalieren.

Angriffe abwehren mit Schlagfertigkeit

In Gehaltsverhandlungen kann es hitzig zugehen, auch wenn es das nicht sollte. Wenn Ihr Gesprächspartner Angriffe unter die Gürtellinie gegen Sie fährt, hilft Ihnen vielleicht auch Schlagfertigkeit. Schlagfertig zu sein, ist leichter gesagt als getan. Mark Twain soll einmal angemerkt haben, schlagfertig sei das, was uns am nächsten Tag einfalle.

Es gibt aber selbst für Menschen, die sich für nicht besonders schlagfertig halten, ähnlich wie im asiatischen Kampfsport Judo die Möglichkeit, Angriffen auszuweichen, indem man sie ins Leere laufen lässt oder indem man das Element des Angriffs umkehrt.

BEISPIEL

> Eine englische Lady soll zum früheren britischen Premierminister Churchill gesagt haben: »Wenn Sie mein Mann wären, würde ich Ihren Tee vergiften.« Churchill soll darauf gesagt haben: »Wenn Sie meine Frau wären, würde ich ihn trinken!«

Im Idealfall findet die Gegenseite Ihre Schlagfertigkeit witzig, was zu einer Entschärfung der angespannten Situation führen kann.

Der Abschluss

Geht die Hauptphase der Gehaltsverhandlung ihrem Ende zu, ist es wichtig, auf den Punkt zu kommen, um ein Verhandlungsergebnis anzubahnen. Sie sollten dazu »Pakete schnüren« und Deals anbieten.

BEISPIEL

> »Fänden Sie es angemessen, wenn ich das Projekt XY übernehmen würde und dafür fünf Prozent mehr Gehalt bekäme, oder könnten Sie mir in einer anderen Konstellation mehr zahlen?«

Mit solchen Angeboten bereiten Sie den Abschluss und damit die dritte Phase der Gehaltsverhandlung vor.

Nichts ist so unbefriedigend wie eine Gehaltsverhandlung ohne Ergebnis. Idealerweise endet die Verhandlung mit einem Handschlag, der die vereinbarte Gehaltserhöhung und vielleicht auch noch weitere Vergünstigungen besiegelt.

Wie so oft in der Kommunikation kann es natürlich auch in Verhandlungen zu Missverständnissen kommen. So hat der Chef das beschlossene Gehaltsmodell, das aus Sach- und Gehaltszuwendungen besteht, vielleicht ganz anders verstanden als Sie.

Eventuell haben Sie einen anderen Zeitpunkt im Kopf, zu dem die Gehaltserhöhung in Kraft treten soll, als Ihr Vorgesetzter.

Um böse Überraschungen zu vermeiden, sollten Sie solche Irrtümer bereits in der Gehaltsverhandlung ausschließen. Dazu eignet sich am besten die Schlussphase der Verhandlung.

- Fassen Sie alle Ergebnisse noch einmal zusammen, falls das Ihr Chef nicht ohnehin tut.
- Stellen Sie wichtige Zusammenhänge zwischen den Aspekten noch einmal klar, so z. B. Abhängigkeiten zwischen einer Provision und dem dafür notwendigen Umsatzerfolg.
- Fragen Sie nach, wenn Sie etwas noch nicht richtig verstanden haben.
- Legen Sie gemeinsam mit Ihrem Vorgesetzten fest, welcher Schritt nun als nächster ansteht.
- Vereinbaren Sie konkrete Termine, so z. B. ein Datum, zu dem das höhere Gehalt zum ersten Mal ausgezahlt werden soll.
- Bedanken Sie sich für das Gespräch. Unterschätzen Sie nicht den sog. Recency Effekt: Der letzte Eindruck bleibt, ähnlich wie der erste (sog. Primacy Effekt), besonders im Gedächtnis des anderen!

Die Gehaltsverhandlung im Überblick

Eine optimale Gehaltsverhandlung besteht aus folgenden Elementen.

Schritt	Ziel	Ablauf
1. Eröffnung	- Sich positionieren - Die gegenseitigen Erwartungen abstimmen	- Ziel des Gespräches nennen - Interesse des anderen prüfen
2. Hauptteil	- Klären der Positionen, Bedürfnisse, Interessen - Kuchen vergrößern - Einigungszone verstehen - Eigenen Anteil optimieren - Zu einer Vereinbarung kommen	- Alles erfragen - Infoaustausch - Einigungszonen explorieren - Alternativen testen - Konsequenzen erfragen - Nach Vorteilen fragen - Lösungen anbieten - Vereinbarung verhandeln
3. Abschluss	- Zustimmung zum nächsten Schritt einholen - Vereinbarung verifizieren	- Gespräch zusammenfassen - Nächste Schritte vorschlagen - Überprüfen: alles okay?

Quelle: Dr. Karl-Josef Does, http://www.redo-erfolgstraining.de

Die Nachbereitung

Je besser die Vorbereitung, desto größer sind die Erfolgschancen in der Verhandlung. Diesem Satz würde wohl jeder zustimmen. Häufig unterschätzt wird jedoch die Nachbereitung. Dabei ist sie ähnlich wichtig wie die Vorbereitung, vor allem dann, wenn die Gehaltsverhandlung aus mehreren Runden besteht. Die Nachbereitung sollte ähnlich strukturiert sein und alle Elemente der Vorbereitung überprüfend wiederholen. Fragen Sie sich:

- Was waren Ihre Annahmen über die eigene Position und vor allem über die der Gegenseite?
- Haben sich diese eher bestätigt oder haben Sie völlig neue Erkenntnisse gewonnen?
- Wie schätzen Sie die Einigungszone für die nächste Verhandlungsrunde ein?

In der Verhandlungsnachbereitung sind außerdem folgende Punkte besonders wichtig (Friedrichsen, 122):

- Achten Sie darauf, dass die getroffenen Vereinbarungen auch wirklich schriftlich festgehalten werden, um Missverständnisse zu vermeiden und eine Garantie bei wechselnden Ansprechpartnern zu haben (Wehrle, S. 186).
- Falls Ihr Chef Ihre Wünsche abgelehnt hat, sollten Sie sich und auch ihn nach den Gründen dafür fragen und Ihren Misserfolg analysieren. Lassen Sie sich aber auf keinen Fall zu emotionalen Reaktionen hinreißen, da Sie ja weiterhin konstruktiv

zusammenarbeiten müssen. In jedem Fall sollte ein Termin für das nächste Gespräch vereinbart werden, da Gehaltsverhandlungen eine Daueraufgabe sind. Das gilt auch, wenn Sie eine Gehaltserhöhung durchsetzen konnten.

- Sollten Sie keinen greifbaren Erfolg erzielt haben, lassen Sie sich dadurch nicht entmutigen: Auch vage Versprechungen Ihres Chefs können ein Verhandlungserfolg sein – vorausgesetzt, er kann sich später daran erinnern. Sie bieten auf jeden Fall einen guten Ansatzpunkt für die nächste Gesprächsrunde. Selbst wenn Ihre Forderungen im ersten Gespräch nicht erfüllt wurden, können Sie das als Grund dafür benutzen, beim nächsten Mal etwas Konkretes einzufordern.

- Hatten Sie keinen Erfolg, sollten Sie an die Gehaltsverhandlung eine Analyse Ihrer besten Alternative anschließen und sich überlegen: wechseln, bleiben oder eine Auszeit nehmen?

- Genießen Sie Ihren Erfolg, wenn Sie erfolgreich waren, und nehmen Sie ihn als Anlass für die weitere Planung Ihrer beruflichen Entwicklung.

> Die Nachbereitung der Gehaltsverhandlung ist gleichzeitig die Vorbereitung der nächsten. Mehr geht (fast) immer!

Glossar

BATNA: Abkürzung für Best Alternative To Negotiated Agreement. Im Deutschen: Beste Alternative zum Verhandlungsergebnis. Analytischer Begriff, der Ihre Schmerzgrenze und damit auch Ihre Machtposition in der Verhandlung bestimmt. Ist ein Verhandlungsangebot Ihres Arbeitgebers schlechter als Ihre beste Alternative außerhalb des Unternehmens, sollten Sie es ablehnen.

Claiming Quotient: Begriff aus der NQ®-Methode (→ NQ®), der misst, wie durchsetzungsstark Sie sind (claiming value) ohne Berücksichtigung der Mehrwertgenerierung (creating value).

Einigungszone: Gesamtheit aller möglichen Einigungen der Verhandlungspartner in einer Verhandlung.

Gefangenendilemma: Beschreibt das Dilemma, dass Sie für Kooperation ausgenutzt und für Nicht-Kooperation bestraft werden können. Eine mögliche Lösung dafür ist die → Tit-for-Tat-Strategie.

Harvard-Konzept: Von den US-amerikanischen Verhandlungsexperten Fisher und Ury in den 1970er Jahren u. a. für die sog. Camp-David-Verhandlungen entwickelter Verhandlungsansatz.

Kuchen aufteilen: »Harte«, distributive Dimension des Verhandelns: Wer bekommt wie viel von einem fixen Kuchen ab?

Kuchen vergrößern: »Weiche«, integrative Dimension des Verhandelns: Wie groß kann der »Verhandlungskuchen« werden?

Messbare Verhandlungsmethode: Mit der von mir entwickelten Messbaren Verhandlungsmethode können Verhandlungsergebnisse durch eine einzige Zahl ausgedrückt werden: X % vom möglichen Gesamtgewinn. Dieser Ansatz ermöglicht die Optimierung und Messung des eigenen Verhandlungserfolgs. Die messbare Methode ist eine Weiterentwicklung des → Harvard-Konzepts. Sie bezieht sich nicht wie die meisten deutschsprachigen Angebote zu diesem Thema nur auf das Buch »Getting To Yes« von Fisher und Ury, sondern berücksichtigt auch neueste Forschungsergebnisse und geht im Quantifizierungsansatz noch weiter als dieses, indem sie Messungen prinzipiell in (fast) allen Verhandlungssituationen für möglich und sinnvoll hält.

NQ®: Der von mir entwickelte NQ® (Negotiation Quotient) misst die Verhandlungsleistung einer Person – ähnlich wie der IQ die Intelligenz – als Quotient NQ® = $I/D \times 100$, wobei I die individuelle Verhandlungsleistung und D die durchschnittlich erbrachte Verhandlungsleistung in vergleichbaren Situationen bezeichnet.

BEISPIEL

> Wenn jemand aus einer Verhandlungsübung einen Gewinn von 6.000 Euro erzielt, der Durchschnittsgewinn aber 5.000 ist, führt dies zu einem NQ® von 120.

Mehr Informationen unter
www.top-ten-negotiator.com/nqmessung.html.

Pareto-Effizienz: Nach Vilfredo Pareto effizient sind Verteilungen, die man nicht für eine Seite verbessern kann, ohne sie für eine andere Seite zu verschlechtern – ein Konzept, dessen enorme Bedeutung für Verhandlungen häufig unterschätzt wird, da es erheblich mehr Präzision in der Verhandlungsanalyse ermöglicht.

PQ: Pareto Quotient. Messgröße, die die tatsächliche Effizienz in Verhandlungen im Verhältnis zur optimalen misst → Pareto-Effizienz

Quantitative Verhandlungsmethode → Messbare Verhandlungsmethode

Schachprotokolle in Verhandlungen: Methode, Verhandlungen wie Schachpartien zu bewerten, z. B. mit ! = guter Zug, ? = schlechter Zug.

Tit-for-Tat-Strategie: Strategie zum Umgang mit dem Gefangenendilemma, die nur zwei Regeln folgt:

- Regel Nr. 1: Beginne mit Kooperation.
- Regel Nr. 2: Setze so fort, wie sich die andere Partei in der Runde zuvor verhalten hat.

Top Ten Negotiator: Ein Top Ten Negotiator ist eine Person, die in einem Verhandlungswettbewerb einer zur Vergabe der Marke berechtigten Organisation mit der quantitativen Verhandlungsmethode zu den Top Ten, d. h. den 10 % messbar besten Verhandlern gehört (verglichen mit allen Ergebnissen in der anonymisierten Datenbank).

Verhandlungsdilemma: Übertragung des → Gefangenendilemmas auf die Verhandlungssituation.

Walk-Away-Alternative: sinngleich zu → BATNA

WeQ: Von Peter Spiegel u. a. entwickelter Begriff (als Gegensatz zum IQ), bei dem es vor allem geht um die Orientierung auf die Stärkung, das Empowerment jedes Menschen und des Gemeinwohls und die Orientierung auf partizipative Prozesse, in die sich alle einbringen können. Im Verhandlungskontext kann man den WeQ nach einem Vorschlag von mir interpretieren als WeQ = W/D × 100, wobei W die kollektive Verhandlungsleistung (creating value) und D die durchschnittlich erbrachte Verhandlungsleistung in vergleichbaren Situationen bezeichnet.

BEISPIEL

> Erreichen A und B in einer Verhandlung einen Gewinn von A = 3 und B = 8 (Punkten in ihrem jeweiligen Bewertungssystem) und liegt der Durchschnitt in einer vergleichbaren Situation bei 10, haben beide, A und B, in dieser Interaktion einen WeQ-Wert von 110.

Win-win: Auch Zwei-Gewinner-Ansatz genannt, bei dem der Gewinn der einen Partei nicht gleichzeitig der Verlust der anderen sein muss. Vielmehr können beide bzw. mehrere gewinnen.

ZOPA → Einigungszone

Literatur

Axelrod, Robert: The Evolution of Cooperation, New York 1984.
Cialdini, Robert: Die Psychologie des Überzeugens. Ein Lehrbuch für alle, die ihren Mitmenschen und sich selbst auf die Schliche kommen wollen, Bern 2013.
Fisher, Robert/Ury, William: Getting To Yes (Deutscher Titel: Das »Harvard-Konzept«), New York 1991.
Friedrichsen, Heike: Die erfolgreiche Gehaltsverhandlung, Berlin 2008.
Groll, Tina: Bessere Taktik, mehr Gehalt, ZEIT online, www.karriere.de/karriere/bessere-taktik-mehr-gehalt-163542 (Abruf am 20.02.2017).
Groll, Tina: Wer kooperiert, bekommt mehr, ZEIT online, http://www.zeit.de/karriere/beruf/2010-12/verhandlungstechniken-tipps (Abruf am 20.02.2017)
Hesse, Jürgen/Schrader, Hans Christian: Die 100 wichtigsten Tipps für die erfolgreiche Gehaltsverhandlung, Berlin 2014.
Klees, Nadine: Mehr verdienen mit krummen Summen, SpiegelOnline, www.spiegel.de/karriere/tipps-fuer-gehaltsverhandlung-krumme-zahlen-besser-als-gerade-summen-a-929073.html (Abruf am 20.02.2017).
Lax, David/Sebenius, James: The Manager as a Negotiator, New York 1986.
Raiffa, Howard: The Art and Science of Negotiation, Cambridge 1982.
Tenbergen, Rasmus: Principled Negotiation and the Negotiator's Dilemma – is the »Getting to Yes« approach too »soft«? (»Ist das Harvard-Konzept zu weich?«), http://www.ifld.de/Education/Material/Negotiation%20Essay.pdf, Cambridge/USA 2001 (Abruf am 20.02.2017).
Wehrle, Martin: Geheime Tricks für mehr Gehalt, Berlin 2003.

Stichwortverzeichnis

BATNA, Definition 16

Dilemma-Kartenspiel 41
Durchsetzungsstärke 16

Einigungszone 19
Einwandbehandlung 92
Eröffnungsangebot 85

Fragetechnik 89

Gefangenendilemma 38
Good cop, bad cop 105

Harvard-Konzept 10

Körpersprache 53

NQ-Formel 9

Ratifizierung 101

Salami-Taktik 103
Selbstwert 56

Small Talk 82
Spieltheorie 56

Tells 84
Tit-for-Tat-Strategie 45, 74
Trickfragen 90
Tricks, unfaire 98

Ultimatum 101

Verhandlungsmasse,
    Vergrößerung 25
Verhandlungsquotient 8
Verhandlungssimulation 77
Verhandlungstyp 67
Verhandlungsziel 62

Warum-Technik 37
Win-win-Kreativität 23
Win-win-Situation 11

Zuhören, aktives 48

Impressum

Bibliografische Information der Deutschen Nationalbibliothek
Die Deutsche Nationalbibliothek verzeichnet diese Publikation in der Deutschen Nationalbibliografie; detaillierte bibliografische Daten sind im Internet über http://www.dnb.dnb.de abrufbar.

Print: ISBN: 978-3-648-09366-5 Bestell-Nr.: 10737-0001
ePub: ISBN: 978-3-648-09367-2 Bestell-Nr.: 10737-0100
ePDF: ISBN: 978-3-648-09368-9 Bestell-Nr.: 10737-0150

Dr. Rasmus Tenbergen
Gehaltsverhandlungen führen
1. Auflage 2017

© 2017, Haufe-Lexware GmbH & Co. KG, Munzinger Straße 9, 79111 Freiburg
Redaktionsanschrift: Fraunhoferstraße 5, 82152 Planegg/München
Internet: www.haufe.de
E-Mail: online@haufe.de
Redaktion: Jürgen Fischer

Konzeption, Realisation und Lektorat: Nicole Jähnichen, www.textundwerk.de
Umschlaggestaltung: Grafikhaus, München
Umschlagentwurf: RED GmbH, Krailling
Umschlag innen: Nadine Roßa, sketchnote-love.com
Satz: Reemers Publishing Services GmbH, Krefeld
Druck: Beltz Bad Langensalza GmbH, Bad Langensalza

Alle Angaben/Daten nach bestem Wissen, jedoch ohne Gewähr für Vollständigkeit und Richtigkeit.
Alle Rechte, auch die des auszugsweisen Nachdrucks, der fotomechanischen Wiedergabe (einschließlich Mikrokopie) sowie der Auswertung durch Datenbanken oder ähnliche Einrichtungen, vorbehalten.

0,50€